Erkan Kişi

Metrik ve Menger Uzaylarda Sabit Nokta Teoremleri

Erkan Kişi

Metrik ve Menger Uzaylarda Sabit Nokta Teoremleri

Türkiye Alim Kitapları

Impressum / Künye
Bibliografische Information der Deutschen Nationalbibliothek: Die Deutsche Nationalbibliothek verzeichnet diese Publikation in der Deutschen Nationalbibliografie; detaillierte bibliografische Daten sind im Internet über http://dnb.d-nb.de abrufbar.

Deutsche Nationalbibliothek tarafından yayınlanan bibliyografik bilgiler: Deutsche Nationalbibliothek, bu yayını Deutsche Nationalbibliografie'de listeler; detaylı bibliyografik bilgi İnternet'te http://dnb.d-nb.de sitesinde mevcuttur.

Coverbild / Kitap kapağı resmi: www.ingimage.com

Verlag / Yayıncı:
Türkiye Alim Kitapları
ist ein Imprint der / yayınevinin bir ticari markasıdır
OmniScriptum GmbH & Co. KG
Bahnhofstraße 28, 66111 Saarbrücken, Deutschland / Almanya
Email / E-posta: info@turkiye-alim-kitaplary.com

Herstellung: siehe letzte Seite /
Basım yeri: son sayfaya bakın
ISBN: 978-3-639-81356-2

İÇİNDEKİLER

1. GİRİŞ

X boştan farklı bir küme ve $f : X \to X$ bir dönüşüm olsun. Eğer $f x_0 = x_0$ olacak şekilde X de bir x_0 noktası var ise bu x_0 noktasına f dönüşümünün bir sabit noktası denir.Örneğin,

$$X = [0, \infty), fx = 2x, gx = x + 1$$

şeklinde tanımlanırsa $x = 0$ noktası f dönüşümünün sabit noktasıdır ancak g dönüşümünün sabit noktası yoktur. Yine $X = (0, \infty)$ alınırsa f dönüşümünün de sabit noktası olmadığı açıktır. O halde bir dönüşümün sabit noktasının varlığı, o dönüşümün tanımına bağlı olduğu gibi tanımladığı kümenin yapısına da bağlıdır. Bu nedenle sabit nokta teori çalışmaları, bir dönüşümün sabit noktasının hangi koşullar altında var olduğu, varsa tek olup olmadığı, tek ise nasıl bulunabileceği sorularına cevap aramaktadır.

Boştan farklı bir küme üzerinde metrik veya boştan farklı bir kümenin iki elemanı arasındaki uzaklık kavramının nasıl tanımlanacağı matematiğin temel problemlerinden biri olmuştur. Frechet (1906), boştan farklı bir küme üzerindeki metrik yapısı üzerinde çalışarak, kümenin farklı iki elemanı arasındaki uzaklığın pozitif bir sayı olması gerektiğini göstermiştir [14]. Daha sonra her bir nokta çifti için dağılım fonksiyonu kavramını vermiş ve böylece probabilistik metrik uzay kavramı ortaya çıkmıştır. Probabilistik metrik uzayda üçgen eşitsizliğinin olmaması ancak bunun yerine zayıf üçgen eşitsizliğinin kullanılması, bu uzayda alınan diziler için limit tanımının yapılamamasına neden olmuştur. Menger (1942) üçgen norm kavramından faydalanılarak probabilistik metrik uzaylar için üçgen eşitsizliği vermiş ve böylece Menger uzaylar ortaya çıkmıştır [20]. Probabilistik metrik uzay kavramının ayrıntılı incelenmesini Istratesku (1974) yapmış [16] ancak en önemli gelişimi Wald (1983) tarafından Wald uzayı [40] Hicks ve Sharma (1984) tarafından Hicks uzayı [15], Radu (1994) tarafından probabilistik f-metrik uzaylar gibi birçok uzaylar[25] türetilmesinden sonra ortaya çıkmıştır. Ancak probabilistik metrik uzaylar içinde daha çok Menger uzaylar için sabit nokta çalışmaları yapılmış ve halende bu çalışmalar devam etmektedir. Metrik uzaylarda büzülme dönüşümleri için ilk sabit (Banach sabit) nokta teoremi Banach (1932) tarafından verilmiştir [8]. Küme değerli dönüşümler için sabit nokta teori ise Banach sabit nokta teoreminin Nadler (1969) tarafından küme değerli dönüşümlere genellemesi ile başlamıştır. Banach sabit nokta teoremi Sehgal ve Bharucha-Reid (1972) tarafından probabilistik metrik uzaylara aktarılmış [28] ve bu çalışma, probabilistik metrik uzaylarda sabit nokta kavramı için önemli bir dönüm noktası olmuştur. Konuyla ilgili daha geniş bilgi [1,3-7] [11,12] [19,27] ve [31-38] deki çalışmalarda verilmiştir.

2. BAZI TEMEL TANIMLAR

2.1. Tanım

$X \neq \emptyset$ ve $d : XxX \rightarrow X$ bir fonksiyon olsun. $\forall x, y, z \in X$ için,

(i) $d(x,y) \geq 0$,

(ii) $d(x,y) = 0 \Leftrightarrow x = y$,

(iii) $d(x,y) = d(y,x)$,

(iv) $d(x,z) \leq d(x,y) + (d(y,z)$

Şartları sağlanır ise, *d* ye *X* üzerinde bir *metrik*, (*X,d*) ikilisine de *metrik uzay* denir. Eğer (i), (iii) ve (iv) şartları ile birlikte $x = y \Rightarrow d(x,y) = 0$ şartı sağlanır ise, *d* ye *X* üzerinde bir *metrikimsi*, (*X,d*) ikilisine de *metrikimsi* uzay denir.

2.1. Örnek

IR reel sayılar kümesi olsun. $\forall x, y \in IR$ için $d(x,y) = |x - y|$ şeklinde tanımlanan *d* fonksiyonu *IR* üzerinde bir metriktir. Bu metriğe alışılmış (veya mutlak değer) metrik, (*IR, d*) ikilisine de alışılmış metrik uzay denir.

2.2. Tanım

(*X,d*) metrik uzay, (x_n) bu uzayda bir dizi ve $x \in X$ olsun. $\forall \varepsilon Z > 0$ için $\exists n_0(\varepsilon) \in IN$ öyleki $\forall n \geq n_0$ iken $d(x_n, x) < \varepsilon$ oluyorsa, (x_n) dizisine x noktasına *yakınsaktır* denir ve $n \rightarrow \infty$ iken $x_n \rightarrow x$ veya $\lim_{n \rightarrow 0} x_n = x$ ile gösterilir.

2.3. Tanım

(X,d) metrik uzay, (x_n) bu uzayda bir dizi ve $x \in X$ olsun. $\forall \varepsilon > 0$ için $\exists n_0(\varepsilon) \in IN \ni \forall n,m \geq n_0$ iken $d(x_n, x_m) < \varepsilon$ oluyorsa, (x_n) dizisine Cauchy dizisi denir. Eğer (X,d) metrik uzayında alınan her Cauchy dizisi yine bu uzayda yakınsar ise, (X,d) metrik uzayına *tamdır* denir.

2.4. Tanım

(X,d) bir metrik uzay ve $A \subset x$ olsun. $d(A) = \sup\{d(x.y) : x \in A, y \in A\}$ reel sayısına A kümesinin *çapı* denir.

Eğer $d(A) < \infty$ ise A kümesine *sınırlı* küme değilse *sınırsız* küme denir.

2.5. Tanım

$(X.d)$ bir metrik uzay olmak üzere X'in boştan farklı tüm alt kümelerinin ailesini $P(X)$ ile gösterelim. $\forall x \in X$ ve $A \subset X$ için x noktasının A kümesine olan uzaklığı

$$d(x.A) = \inf_{y \in A} d(x,y) = inf\{d(x,y) : y \in A\}$$

şeklinde tanımlanan reel sayıdır. $A, B \subset X$ için; A ve B kümeleri arasındaki uzaklık

$$d(A,B) = \inf\{d(x,y) : x \in A, y \in B\}$$

şeklinde tanımlanır.

Tanımlardan da anlaşılacağı üzere bir x_0 noktası için $x_0 \in A$ ise $d(x_0, A) = 0$ olur. Fakat bunun tersi doğru değildir. Örneğin $(IR, d_{l.l})$ metrik uzayında $d_{l.l}(1,(0,1)) = 0$ olmasına rağmen $1 \notin (0,1)$ dir.

2.6. Tanım

$X \neq \emptyset$ bir küme, Y herhangi bir küme ve $P(Y)$, Y nin boştan farklı alt kümelerinin ailesi olmak üzere, $F: X \rightarrow P(Y)$ dönüşümüne küme (çoğul) değerli dönüşüm denir.

2.2. Örnek

$X = Y = [0,1]$ için bir $F: X \rightarrow P(X)$ küme değerli dönüşüm, $Fx = [0,x/2]$ olarak tanımlanabilir.

2.7. Tanım

$F: X \rightarrow P(Y)$ küme değerli dönüşüm olmak üzere $A \in P(X)$ için FA kümesi

$FA = \bigcup_{a \in A} Fa$ şeklinde tanımlanır.

$F^n(A)$ ise $F^n(A) = F\left(F^{n-1}(A)\right)$ $\quad$ n = 2,3,...

şeklinde tanımlanır.

2.8. Tanım

$X \neq \emptyset$, $P(X)$ de X in alt kümelerinin ailesi olmak üzere $F: X \rightarrow P(X)$ şeklinde tanımlı F küme değerli dönüşüm için $x \in F(x)$ ise x noktasına F dönüşümünün *sabit noktası* denir. Bu sabit noktaların kümesini

$$Fix(F) = \{x \in X : x \in F(x)\}$$

şeklinde gösteririz.

2.9. Tanım

$f: X \rightarrow X$ tek değerli bir fonksiyon olsun.

a) En az bir alt yarı sürekli $\varphi: X \to IR_+ \cup \{+\infty\}$ fonksiyonu için

$$d(x, f(x) + \varphi(f(x)) \leq \varphi(x)$$

koşulu sağlanıyor ise *f*'ye *Caristi tipi* fonksiyondur denir.

b) En az bir $a \in [0, \frac{1}{2})$ var ve her $x, y \in X$ için

$$d(f(x), f(y)) \leq a[d(x, f(x) + d(y, f(y))]$$

koşulu sağlanıyor ise *f*'ye *Kanan tipi* fonksiyondur denir.

c) $a, b, c \in R$ ve $a + b + c < 1$ olmak üzere her $x, y \in X$ için

$$d(f(x), f(y)) \leq ad(x, y) + bd(x, f(x)) + cd(y, f(y))$$

koşulu sağlanır ise *f*'ye *Ciric-Reich-Rus tipi* fonksiyondur denir.

3. METRİK UZAYDA BAZI SABİT NOKTA TEOREMLERİ

3.1. İki Tam Metrik Uzayda Küme Değerli İki Dönüşüm İçin Sabit Nokta Teoremi

Bu kısımda verilen tanım teoremler [2] de detaylı bir şekilde incelenmiştir.

3.1.1. Tanım

(X,d) bir tam metrik uzay ve $B(X)$'de X'in ve sınırlı tüm alt kümelerinin ailesi olsun. δ fonksiyonunu $A, B \in B(X)$ için

$$\delta(A,B) = \sup\ \{d(a,b) : a \in A, b \in B\}.$$

Şeklimde tanımlanır.Eğer A tek bir elemandan oluşuyor ise $a \in A$ için,

$$\delta(A,B) = \delta(a,B).$$

Eğer B tek bir elemandan oluşuyor ise $b \in B$ için,

$\delta(A,B) = \delta(A,b)$ dır.

Hem A hem B tek bir elemandan oluşuyor ise $\delta(A,B) = \delta(a,b) = d(a,b)$ olur.
Ayrıca δ fonksiyonu, her $A, B, C \in B(X)$ için

$i.$ $\delta(A,B) = \delta(B,A) \geq 0$,

ii. $\delta(A,B) \leq \delta(A,C) + \delta(C,B)$.

şartlarını sağlar.

3.1.2. Tanım

(X,d) bir metrik uzay ve *B(X)*'de *X'* in sınırlı tüm alt kümelerinin ailesi olsun. *B(X)* deki kümelerin bir dizisi $\{A_n\}$ ve *A* da *X* in bir alt kümesi olsun. Aşağıdaki koşullar sağlanıyorsa $\{A_n\}$ dizisi A kümesine *yakınsıyor* denir.

i. Her bir $a \in A$ noktasına yakınsayan en az bir $\{a_n \in A_n : n = 1,2,3,...\}$ dizisi vardır.

ii. Keyfi bir $\varepsilon > 0$ için bir N doğal sayısı bulunabilir. Öyle ki her $n > N$ ler için

$A_n \subset A_\varepsilon$ olur. Burada A_ε, merkezi *A* kümesinde olan tüm ε yarıçaplı açık yuvarların birleşim kümesidir. Yani

$$A_\varepsilon = \bigcup_{a \in A} B(a, \varepsilon)$$

olur.Bu durumda A ya $\{A_n\}$ dizisinin limiti denir ve $A_n \to A$ şeklinde gösterilir

3.1.1. Lemma

(X,d) bir metrik uzay $\{A_n\}$ ve $\{B_n\}$ ise *X* kümesindeki sınırlı alt kümelerin iki dizi olsun. $A, B \subset X$ kümeleri kapalı ve sınırlı olmak üzere sırasıyla $\{A_n\}$ ve $\{B_n\}$ dizilerinin yakınsadığı kümeler olsun. Bu durumda $\{\delta(A_n, B_n)\}$ dizisi $\delta(A,B)$ reel sayısına yakınsar. [13]

3.1.3. Tanım

(X,d) bir metrik uzay, $F: X \rightarrow B(X)$ bir dönüşüm ve $x_o \in X$ olsun. X deki noktaların bir $\{x_n\}$ dizisi X de bir x_0 noktasına yakınsadığında, $B(X)$ de tanımlı bir $\{Fx_n\}$ dizisi de $B(X)$ de Fx_0 kümesine yakınsıyor ise bu durumda F ye x_0 *noktasında süreklidir* denir.Eğer F, X in her noktasında sürekli ise F ye X *üzerinde süreklidir* denir.

3.1.1. Teorem

(X,d) ve (Y,p) tam metrik uzaylar olsunlar. $T: X \rightarrow Y$ ve $S: Y \rightarrow X$ fonksiyonları, her $x \in X$ ve $y \in Y$ için $f, g \in F$ olmak üzere

$$p(Tx,TSy) \leq f(d(x,Sy), p(y,Tx), p(y,TSy)),$$

$$d(Sy,STx) \leq g(p(y,Tx), d(x,Sy), d(x,STx))$$

koşullarını sağlasın. Bu durumda *ST*'nin *X*'de bir u sabit noktası, *TS*'nin *Y*'de bir υ noktası vardır. Üstelik $Tu = \upsilon$ ve $S\upsilon = u$ dir. Buradaki F kümesi $f: IR_+^3 \rightarrow IR_+$ şeklinde tanımlı ve aşağıdaki şartları sağlayan tüm fonksiyonların kümesidir.

(*i.*) f üst yarı sürekli ve azalmayan bir fonksiyondur.

(*ii.*) Tüm $u, \upsilon \geq 0$ için $u \leq f(\upsilon,0,u)$ veya $u \leq f(\upsilon,u,0)$ ise $0 \leq c < 1$

olacak şekilde bir c sabit sayısı vardır. Öyle ki $u \leq c\upsilon$ dir. [30]

3.1.1. Örnek

. $0 < c < 1$ olmak üzere $f(t_1,t_2,t_3) = c\max\{t_1,t_2,t_3\}$ olsun.

i. f'nin sürekli olduğu açıktır.

ii. Varsayalım ki $u, \upsilon \geq 0$ ve $u \leq f(\upsilon, 0, u)$ olsun. Dolayısıyla $u \leq c\max\{\upsilon, u\}$ olur.

$\upsilon \leq u$ ise $u \leq cu < u$ olur. Bu da bir çelişkidir. Buradan $u \leq c\upsilon$ olur.

3.1.2. Örnek

$f(t_1, t_2, t_3) = c\max\{t_1, t_2, t_3, b\sqrt{t_2 t_3}\}$ olsun. Burada $0 \leq b \leq 1$ ve $0 < c < 1$ dir.

i. f'nin sürekli olduğunu görmek kolaydır.

ii. 1. örnekte görüldüğü gibi gösterilebilir.

3.1.3. Örnek

$f(t_1, t_2, t_3) = \left(\alpha t_1^p + \beta t_2^p + \gamma t_3^p\right)^{\frac{1}{p}}$, $p > 0$, $\alpha, \beta, \gamma \in IR_+$ ve $\alpha + \beta + \gamma < 1$ olsun.

i. f'nin sürekli olduğu açıktır.

ii. Varsayalım ki $u, \upsilon \geq 0$ ve $u \leq f(\upsilon, 0, u)$ olsun. Dolayısıyla $u \leq \left(\alpha \upsilon^p + \gamma u^p\right)^{\frac{1}{p}}$ olur. Buradan,

$u \leq \left(\dfrac{\alpha}{1-\gamma}\right)^{\frac{1}{p}} \upsilon$ olur. Dolayısıyla

$c_1 = \left(\dfrac{\alpha}{1-\gamma}\right)^{\frac{1}{p}} < 1$ olarak alınabilir.

Benzer olarak. Eğer $u \le f(v,u,0)$ ise $u \le c_2 v$, buradan;

$c_2 = \left(\dfrac{\alpha}{1-\beta}\right)^{\frac{1}{p}} < 1$ olarak seçilebilir.

$c = \max\{c_1, c_2\} < 1$ olarak alabiliriz.

Aşağıdaki teorem, iki tam metrik uzayda tanımlı iki küme değerli dönüşüm için sabit nokta teoremidir.

3.1.2. Teorem

(X,δ_1) ve (Y,δ_2) tam metrik uzaylar olsunlar. $T: X \to B(Y)$ ve $S: Y \to B(X)$ iki fonksiyon olsun. Tüm $x, x' \in X$ ve $y, y' \in Y$ ler için;

$$\delta_1(STx, STx') \le f(\delta_2(Tx, Tx'), d_1(x', STx), \delta_1(x', STx')) \quad (2.1)$$

$$\delta_2(TSy, TSy') \le (g(\delta_1(Sy, Sy'), d_2(y', TSy), \delta_2(y', TSy')) \quad (2.2)$$

şartları sağlansın. Burada $f, g \in F$, *S* veya *T* sürekli ise *ST X*'de sabit bir *u* sabit noktasına; *TS* ise Y'de sabit bir v noktasına sahiptir. Üstelik $Tu = \{v\}$ ve $Sv = \{u\}$ olur.

İspat

$x_1 \in X$ keyfi bir nokta olsun. *X* ve *Y* kümeleri üzerinde sırasıyla $\{x_n\}$ ve $\{y_n\}$ dizilerini tanımlayalım. Tx_1 kümesinden bir y_2 noktasını, Sy_2 kümesinden x_2 noktasını, Tx_2 noktasından y_3 noktasını, Sy_3 kümesinden x_3 noktasını seçelim. Bu şekilde devam ederek x_n leri *X* kümesinden, y_{n+1} leri *Y* kümesinden seçelim.

Tx_n kümesinden y_{n+1} noktasını, Sy_{n+1} kümesinden x_{n+1} noktasını seçelim.

Eş. 2.1' den,

$$d_1(x_{n+1},x_{n+2}) \le \delta_1(STx_n,STx_{n+1})$$
$$\le f(\delta_2(Tx_n,Tx_{n+1}),d_1(x_{n+1},STx_n),\delta_1(x_{n+1},STx_{n+1}))$$

$$\le f(\delta_2(TSy_n,TSy_{n+1}),0,\delta_1(STx_n,STx_{n+1}))$$

(ii) den,

$$\delta_1(STx_n,STx_{n+1}) \le c\delta_2(TSy_n,TSy_{n+1}) \tag{2.3}$$

Eş. 2.2' i kullanarak,

$$d_2(y_{n+1},y_{n+2}) \le \delta_2(TSy_n,TSy_{n+1})$$

$$\le g(\delta_1(Sy_n,Sy_{n+1}),d_2(y_{n+1},TSy_n),\delta_2(y_{n+1},TSy_{n+1}))$$

$$\le g(\delta_1(STx_{n-1},STx_n),0,\delta_2(TSy_n,TSy_{n+1}))$$

(ii) den

$$\delta_2(TSy_n,TSy_{n+1}) \le c\delta_1(STx_{n-1},STx_n) \tag{2.4}$$

Eş.2.3 ve 2.4' den

$$\delta_1(STx_n,STx_{n+1}) \le c^2\delta_1(STx_{n-1}STx_n)\,.$$

Devamın da ise tümevarımla,

$$d_1(x_{n+1}, x_{n+2}) \leq c^{2n-2}\delta_1(STx_1, STx_2),$$

$$d_2(y_{n+1}, y_{n+2}) \leq c^{2n-3}\delta_1(STx_1, STx_2)$$

r = 1, 2, … için

$$d_1(x_{n+1}, x_{n+r+1}) \leq d_1(x_{n+1}, x_{n+2}) + d_1(x_{n+2}, x_{n+3}) + ... + d_1(x_{n+r}, x_{n+r+1})$$

$$\leq (c^{2n-2} + c^{2n} + c^{2n+2} + ... + c^{2(n+r+1)})\delta_1(STx_1, STx_2)$$

$$< \varepsilon. \qquad (2.5)$$

En az bir N vardır ve $n > N$ ler için $c < 1$ olduğundan $\{x_n\}$ ve $\{y_n\}$ dizileri sırasıyla tam metrik uzay olan X ve Y'de birer Cauchy dizileridir. Dolayısıyla en az bir N vardır ve $n>N$ ler için ve $c<1$ olduğundan $\{x_n\}$ ve $\{y_n\}$ sırasıyla tam metrik uzay olan X ve Y'de birer cauchy dizileridir. Dolayısıyla,

$$\lim_{n\to\infty} x_n = u \quad u \in X \ , \quad \lim_{n\to\infty} y_n = \upsilon \quad \upsilon \in Y$$

olur. Üstelik $m > n$ için,

$$\delta_1(u, STx_n) \leq d_1(u, x_{m+1}) + \delta_1(x_{m+1}, STx_n)$$

$$\leq d_1(u, x_{m+1}) + \delta_1(STx_m, STx_n) . \qquad (2.6)$$

Eş. 2.5' ten dolayı $m, n \geq N$ için,

$$\delta_1(u, STx_n) \leq d_1(u, x_{m+1}) + \varepsilon$$

olur. $m \to \infty$ için düşünelim. $n > N$ için,

$$\delta_1(u, STx_n) \leq \varepsilon$$

dolayısıyla $\lim_{n\to\infty} STx_n = \{u\}$ olur. (ε keyfi seçilmiştir.)

Benzer olarak ,

$$\lim_{n\to\infty} TSy_{n+1} = \{v\} = \lim_{n\to\infty} Tx_n$$

olur.Burada $x_{n+1} \in Sy_{n+1}$ olduğunu daha önceden biliyoruz. Varsayalım ki T sürekli olsun,

$$\lim_{n\to\infty} Tx_n = Tu = \{v\}$$

olur.

Eş. 2.1' den,

$$\delta_1(STu , STx_n) \leq f(\delta_2(Tu , Tx_n), d_1(x_n, Sv), \delta_1(x_n, STu))$$

$n \to \infty$ olarak alınırsa,

$$\delta_1(STu, u) \leq f(0, d_1(u, STu), 0)) \leq f(0, \delta_1(u, STu, 0)$$

(ii) den dolayı,

$$\delta_1(u, STu) \leq c\delta_1(u, STu)$$

olur. Ayrıca, $STu = \{u\} = Sv$ olur. Üstelik $TSv = Tu = \{v\}$ dolayısıyla *u*, *ST* fonksiyonunun, v ise *TS* fonksiyonunun sabit noktalarıdır. *T* yerine *S* fonksiyonunu sürekli olarak kabul edersek aynı sonuçları elde edilir.

Bu sabit noktaların tekliğini ispat için varsayalım ki *ST* ikinci bir u' sabit noktasına, *TS*'de ikinci bir v' sabit noktasına sahip olsun. Eş. 2.2 kullanılırsa,

$$d_2(v, v') = \delta_2(TSv, TSv')$$

$$\leq g(\delta_1(Sv, Sv'), d_2(v', TSv), \delta_2(v', TSv^1))$$

$$= g(\delta_1(Sv, Sv^1), d_2(v', v), 0)$$

$$\leq g(\delta_1(Sv, Sv^1), d_2(v', v), 0)).$$

(ii) den,

$$d_2(v, v') \leq c\delta_1(Sv, Sv') \qquad (2.7)$$

Eş. 2.1 kullanırsa

$$\delta_1(Sv, Sv') \leq \delta_1(STSv, STSv')$$

$$\leq f(d_2(v, v'), d_1(Sv', Sv), \delta_1(Sv', Sv')$$

$$\leq f(d_2(v, v'), \delta_1(Sv', Sv), \delta_1(Sv', Sv')) \qquad (2.8)$$

Benzer olarak,

$$\delta_1(Sv', Sv') \leq \delta_1(Sv', STSv') \leq f(0, 0, \delta_1(Sv', Sv')\,.$$

(ii) den ,

$$\delta_1(Sv', Sv') = 0\,.$$

Eş. 2.8'den,

$$\delta_1(Sv, Sv') \leq f(d_2(v, v'), \delta_1(Sv', Sv), 0)$$

(ii) den,

$$\delta_1(Sv, Sv^1) \leq cd_2(v, v') \qquad (2.9)$$

Eş.2.7 ve 2.9' dan,

$$d_2(\upsilon,\upsilon')\leq c^2 d_2(\upsilon,\upsilon')$$

olur. Dolayısıyla $\upsilon=\upsilon'$ olur yani tek bir υ noktası vardır.

$STu'=\{u'\}$ ve $ST\upsilon=\{\upsilon\}$ olması $TSTu'=Tu'=\{\upsilon\}$ anlamına gelir. Dolayısıyla

$$\{u\}=STu=S\upsilon=STu'=\{u'\}.$$

Sonuç olarak u tektir. Teoremin ispatı böylelikle tamamlanmış olur.

Eğer $T:X\to Y$ ve $S:Y\to X$ ise aşağıdaki sonuçları yazabiliriz.

3.1.1. Sonuç

(X,d_1) ve (Y,d_2) tam metrik uzaylar, $T:X\to Y$ ve $S:Y\to X$ iki fonksiyon olsun. Her $x\in X$ ve $y\in Y$ ve $f,g\in F$ için

$$d_1(STx,STx')\leq f(d_2(Tx,Tx'),d_1(x',STx),d_1(x',STx'), \tag{2.10}$$

$$d_2(TSy,TSy')\leq g(d_1(Sy\ ,Sy'),d_2(y',TSy),d_2(y',TSy')) \tag{2.11}$$

Koşulları sağlansın.Eğer *S* veya *T* fonksiyonlarından herhangi biri sürekli ise *ST,* bir tek $u\in X$ sabit noktasına ve *TS* de bir tek $\upsilon\in Y$ sabit noktasına sahiptir. Üstelik $Tu=\upsilon$ ve $S_\upsilon=u$ dir.

Eğer $f(t_1,t_2,t_3)=g(t_1,t_2,t_3)=c\max\{Mt_1,t_2,t_3\},0<c<1$ olarak alınırsa 3.1.2 teorem den aşağıdaki sonucu yazabiliriz.

3.1.2. Sonuç

(X,δ_1) ve (Y,δ_2) tam metrik uzaylar, $T:X\rightarrow B(Y)$ fonksiyonu sürekli bir fonksiyon ve $S:Y\rightarrow B(X)$ sürekli bir fonksiyon olmak üzere her $x\in X$ ve $y\in Y$ ve $0<c<1$ için,

$$\delta_1(STx,STx')\leq c\max\{\delta_2(Tx,Tx'),d_1(x',STx),\delta_1(x',STx')\},$$

$$\delta_2(TSy,TSy')\leq c\max\{\delta_1(Sy,Sy'),d_2(y',TSy),\delta_2(y',TSy')\}$$

koşulları sağlansın. Bu durumda *ST* nin *X*'de bir tek sabit u ve *TS* nin *Y*'de bir tek sabit v noktaları vardır. Üstelik $Tu=\{v\},Sv=\{u\}$ dir.

Eğer burada $T:X\rightarrow Y$ ve $S:Y\rightarrow X$ olarak alınırsa aşağıdaki sonucu yazabiliriz.

3.1.3. Sonuç

(X,δ_1) ve (X,δ_2) tam metrik uzaylar, $T:X\rightarrow B(Y)$ ve $S:Y\rightarrow B(X)$ sürekli fonksiyonlar olsun. Her $x\in X$ ve $y\in Y$ ve $0<c<1$ için;

$$d_1(STx,STx')\leq c\max\{d_2(Tx,Tx'),d_1(x',STx),d_1(x',STx')\},$$

$$d_2(TSy,TSy')\leq c\max\{d_1(Sy,Sy'),d_2(y',TSy),d_2(y',TSy'\}$$

koşulları sağlansın. Bu durumda *ST* nin *X*'de tek bir sabit u noktası, *TS* nin ise *Y*'de bir tek sabit v noktası vardır. Üstelik $Tu=v$ ve $Sv=u$ olur.

3.2. Üç Tam Metrik Uzayda Sabit Nokta Teoremleri

Bu bölümde farklı üç metrik uzayda tanımlı üç fonksiyonun bileşkelerinin hangi koşullar altında bir tek sabit noktaya sahip olduğunu ve bu sabit noktanın hangi koşulları sağladığını inceleyeceğiz. Bu kısımda verilen tanım ve teoremler [39] da detaylı bir şekilde incelenmiştir.

3.2.1. Teorem

$(X,d),(Y,p),(Z,\sigma)$ tam metrik uzaylar ve $T:X\to Y, S:Y\to Z$ ve $R:Z\to X$ fonksiyonları her $x\in X, y\in Y, z\in Z$ ve $0\leq c<1$ sayısı için ;

$$d(RSy,RSTx)\max\{d(x,RSy),d(x,RSTx)\}\leq c\sigma(Sy,STx)\max\{\sigma(Sy,STx),d(x,RSTx)\}$$

$$p(TRz,TRSy)\max\{p(y,TRz),p(y,TRSy)\}\leq cd(Rz,RSy)\max\{d(Rz,RSy),p(y,TRSy)\}$$

$$\sigma(STx,STRz)\max\{\sigma(z,STx),\sigma(z,STRz\}\leq cp(Tx,TRz)\max\{p(Tx,TRz),\sigma(z,STRz)\}$$

koşullarını sağlasın. Eğer *R, S,T* fonksiyonlarından biri sürekli ise *RST*'nin *X*'de bir tek sabit u noktası, *TRS*'nin *Y*'de bir tek sabit υ noktası ve *STR*'nin *Z*'de bir tek sabit w noktası vardır. Üstelik $Tu=\upsilon, S\upsilon=w, Rw=u$ dur. [18]

3.2.2. Teorem

$(X,d),(Y,p),(Z,\sigma)$ tam metrik uzaylar ve $T:X\to Y, S:Y\to Z$ ve $R:Z\to X$ sürekli fonksiyonları her $x\in X, y\in Y, z\in Z$ ve $0\leq c<1$ için;

$$d(RSTx,RSy)\leq c\max\{p(y,Tx),d(x,RSTx),d(x,RSy),\sigma(Sy,STx)\}$$

$$p(TRSy,TRz)\leq c\max\{\sigma(z,Sy),p(y,TRSy),p(y,TRz),d(Rz,RSy)\}$$

$$\sigma(SRSz, STx) \le c\max\{d(x, Rz), \sigma(z, STRz), \sigma(z, STx), p(Tx, TRz)\}$$

koşullarını sağlasın. Bu durumda *RST*'nin *X*'de bir tek u sabit noktası, *TRS*'nin *Y*'de bir tek υ sabit noktası ve *STR*'nin *Z*'de bir tek w sabit noktası vardır. Üstelik $Tu = \upsilon, S\upsilon = w, Rw = u$ dur.

IR_+ ile negatif olmayan reel sayıların kümesini ve aşağıdaki koşulları sağlayan $f : IR_+^3 \to IR_+$ fonksiyonlarının kümesini μ göstereceğiz.

i. Tüm $x \in R$ için f üst yarı sürekli,

ii. Tüm $u, \upsilon \ge 0$ için $u \le f(\upsilon, 0, u)$ veya $u \le f(\upsilon, u, 0)$ ise

en az bir $0 \le c < 1$ sabit sayısı için $u \le c\upsilon$ dir [21]. Şimdi 3.2.1 Teoremi nin bir genelleştrilmesi olan aşağıdaki teoremi verebiliriz.

3.2.3. Teorem

$(X, d), (Y, p), (Z, \sigma)$ tam metrik uzaylar ve $T : X \to Y, S : Y \to Z$ ve $R : Z \to X$ fonksiyonları her $x \in X, y \in Y, z \in Z$ için ve $f, g, h \in F$ olmak üzere

$$d(RSy, RSTx) \le f(\sigma(Sy, STx), d(x, RSTx), d(x, RSy)) \quad (2.1)$$

$$p(TRz, TRSy) \le g(d(Rz, RSy), p(y, TRSy), p(y, TRz)) \quad (2.2)$$

$$\sigma(STx, STRz) \le h(p(Tx, TRz), \sigma(z, STRz), \sigma(z, STx)) \quad (2.3)$$

koşullarını sağlasın. Eğer *T, S, R* fonksiyonlarının herhangi biri sürekli ise *RST*'nin *X*'de bir tek sabit u noktası, *TRS*'nin *Y*'de bir tek sabit υ noktası ve *STR*'nin *Z*'de bir tek sabit *w* noktası vardır. Üstelik $Tu = \upsilon, S\upsilon = w, Rw = u$ dur.

İspat

$x_o \in X$ keyfi bir nokta olsun. *X,Y* ve *Z*'de sırasıyla $\{x_n\},\{y_n\}$ ve $\{z_n\}$ dizilerini tamamlayalım. Öyle ki $x_n = (RST)^n x_o$, $y_n = Tx_{n-1}, z_n = S_{yn}$ n = 1,2,.... olsun.

Eş. 2.1' de $y = y_n$ ve $x = x_n$ olarak alınır ise;

$$d(x_n, x_{n+1}) \le f(\sigma(z_n, z_{n+1}), d(x_n, x_{n+1}), 0)$$

(ii) den dolayı,

$$d(x_n, x_{n+1}) \le c_1 \sigma(z_n, z_{n+1}) \qquad (2.4)$$

Burada $c_1 \in [0,1)$.

Eş. 2.3' de $x = x_{n-1}$ ve $z = z_n$ alınırsa,

$$\sigma(z_n, z_{n+1}) \le h(p(y_n, y_{n+1}), \sigma(z_n, z_{n+1}), 0)$$

(ii) den,

$$\sigma(z_n, z_{n+1}) \le c_3 p(y_n, y_{n+1}) \qquad (2.5)$$

Burada $c_3 \in [0,1)$ dir.

$z = z_{n-1}$ ve $y = y_n$ için Eş. 2.2 uygulanırsa,

$$p(y_n, y_{n+1}) \leq g(d(x_{n-1}, x_n), p(y_n, y_{n+1}), 0)$$

Olur. (ii) den,

$$p(y_n, y_{n+1}) \leq c_2 d(x_{n-1}, x_n) \qquad (2.6)$$

Olur. Burada $c_2 \in [0,1)$ dır. (2.4), (2.5) ve (2.6) eşitsizlikleri ardı ardına yazılırsa

$$d(x_{n+1}, x_n) \leq c_1 \sigma(z_n, z_{n+1}) \leq c_1 c_3 p(y_n, y_{n+1}) \leq .... \leq (c_1 c_2 c_3)^n d(x_0, x_1).$$

$0 \leq c_1 c_2 c_3 < 1$, $\{x_n\}, \{y_n\}$ ve $\{z_n\}$ birer couchy dizisi olduğundan sırasıyla $u \in X, \upsilon \in Y$ ve $w \in Z$ noktalarına yakınsar.

Şimdi kabul edelim ki S sürekli olsun. Buradan $\lim_{n\to\infty} Sy_n = \lim_{n\to\infty} z_n$ ve dolayısıyla

$$S_\upsilon = w \qquad (2.7)$$

olur. Eş. 2.1 uygulanırsa,

$$d(RS\upsilon, x_{n-1}) \leq f(\sigma(S\upsilon, z_n), d(x_{n-1}, x_n), d(x_{n-1}, RS\upsilon)).$$

$n \to \infty$ için ve (i) koşulundan,

$d(RSv,u) \leq f(\sigma(Sv,w),0,d(u,RSv))$

2.7 denkleminden,

$d(RSv,u) \leq f(0,0,d(u,RSv))$

(ii) koşulundan $d(u,RS_{v}) \leq c.0$ ve Eş.(2.7) den,

$$u = RSv = Rw \qquad (2.8)$$

Eş. 2.2' den,

$p(Tu,y_{n+1}) \leq g(d(u,x_n),p(y_n,y_{n+1}),p(y_n,TRw))$.

$n \to \infty$ için ve (i) koşulundan,

$p(Tu,v) \leq g(0,0,p(v,TRw))$

Eş.2.8' den,

$p(Tu,v) \leq g(0,0,p(v,Tu))$,

(ii) koşulundan,

$$Tu = v \qquad (2.9)$$

olur. Eş. 2.7 , 2.8 ve 2.9' dan,

$TRS\upsilon = TRw = Tu = \upsilon$,

$STRw = STu = S\upsilon = w$,

$RSTu = RS\upsilon = Rw = u$.

S yerine *R* veya *T* sürekli ise aynı sonuçlar elde edilir.

Şimdi *u* sabit noktasının tek olduğunu gösterelim. Farz edelim ki *RST*'nin ikinci bir sabit noktası u' olsun.

Eş. 2.1' den,

$$d(RSTu, RSTu') \leq f(\sigma(STu', STu), d(u, RSTu), d(u, RSTu'))$$

$$d(u,u) \leq f(\sigma(STu, STu'), 0, d(u,u')).$$

(ii) den,

$$d(u,u') \leq c_1\sigma(STu, STu') \qquad (2.10)$$

olur. Eş. 2.3' den,

$$\sigma(STRSTu\ , STu') \leq h(p(Tu', TRSTu), 0, \sigma(STu, STu')$$

$$\sigma(STu, STu') \leq h(p(Tu', Tu), 0, \sigma(STu, STu'))$$

(ii) den,

$$\sigma(STu, STu') \leq c_2 p(Tu, Tu') \tag{2.11}$$

Eş. 2.2' den,

$$p(Tu, Tu') \leq c_2 d(u, u'). \tag{2.12}$$

Eş. 2.10, 2,11 ve 2.12' den

$$d(u, u') \leq (c_1 c_2 c_3) d(u, u')$$

olur. Buradan anlaşılacağı gibi $u = u'$ dür. *RST* nin sabit noktası olan u tektir. Aynı şekilde *TRS* nin bir tek sabit noktasının v, *STR* nin bir tek noktasının w olduğu gösterilebilir.

Eğer $0 \leq c < 1$ olmak üzere,

$$f(t_1, t_2, t_3) = g(t_1, t_2, t_3) = h(t_1, t_2, t_3) = \frac{ct_1 \max\{t_1, t_2\}}{\max\{t_2 t_3\}}$$

olarak alınırsa Teorem 3.2.1.'i Teorem 3.2.3.'ün sonucu olarak görebiliriz.Aşağıdaki koşulları sağlayan $f : IR_+^4 \to IR_+$

fonksiyonların kümesini £ ile gösterelim.

(iii) f üst yarı sürekli

(iv) Eğer her $u, v \geq 0$ için $u \leq f(v, u, 0, w)$ veya $u \leq f(v, 0, u, w)$ ise,

$0 \leq c < 1$ reel sayısı vardır. Öyle ki $u \leq c\max\{v, w\}$.

Teorem 3.2.2 yi aşağıdaki gibi genelleyebiliriz.

3.2.4. Teorem

$(X,d),(Y,p),(Z,\sigma)$ tam metrik uzaylar ve $T: X \to Y, S: Y \to Z$ ve $R: Z \to X$ fonksiyonları tüm $x \in X, y \in Y$ ve $z \in Z$ için ve *f,g,h* ϵ *£* olmak üzere

$$d(RSTx, RSy) \leq f(p(y, T_X), d(x, RST_X), d(x, RS_y), \sigma(S_y, ST_X)) \quad (2.13)$$

$$p(TRz, TRSy) \leq g(\sigma(z, Sy), p(y, TRSy), p(y, TRz), d(Rz, RSy)) \quad (2.14)$$

$$\sigma(STRz, STx) \leq h(d(x, Rz), \sigma(z, STRz), \sigma(z, STx), p(Tx, TRz)) \quad (2.15)$$

koşullarını sağlasın. Eğer *R, S, T* fonksiyonlarından herhangi biri sürekli ise *RST*'nin *X*'de bir tek sabit *u* noktası, *TRS*'nin *Y*'de bir tek sabit *υ* noktası, *STR*'nin *Z*'de bir tek sabit w noktası vardır. Üstelik $Tu = v, Sv = w, Rw = u$ olur.

İspat

$x_o \in X$ keyfi bir nokta olsun. *X, Y, Z*'de sırasıyla $\{x_n\},\{y_n\}$ ve $\{z_n\}$ dizilerini tanımlayalım öyle ki;

$x_n = (RST)^n x_o,\ y_n = T_{Xn-1}, z_n = Sy_n \qquad$ n = 1,2,3...

Eş. 2.14'den ve (iv) özelliğinden $z = z_{n-1}$ ve $y = y_n$ için

$$p(y_n, y_{n+1}) = p(TRz_{n-1}, TRSy_n) \leq g(\sigma(z_{n-1}, z_n), p(y_n, y_{n+1}), 0, d(x_{n-1}, x_n))$$

ve

$$p(y_n, y_{n+1}) \le c \max\{d(x_{n-1}, x_n), \sigma(z_{n-1}, z_n)\}. \qquad (2.16)$$

(iv) ve Eş. 2.16' dan ,

$$\sigma(z_n, z_{n+1}) \le c \max\{d(x_{n-1}, x_n), p(y_n, y_{n+1})\} \qquad (2.17)$$

$$\le c \max\{d(x_{n-1}, x_n), \sigma(z_{n-1}, z_n)\}$$

Eş. 2.13' de $y = y_n$ ve $x = x_n$

olarak alınırsa

$$d((x_n, x_{n+1}) = d(RSTx_n, RSy_n) \le f(p(y_n, y_{n+1}), d(x_n, x_{n+1}), 0, \sigma(z_n, z_{n+1}))$$

(iv) özelliğinden ve Eş. 2.16 ve 2.17 'den

$$d(x_n, x_{n+1}) \le c \max\{p(y_n, y_{n+1}), \sigma(z_n, z_{n+1})\} \qquad (2.18)$$

$$= c \max\{d(x_{n-1}, x_n), \sigma(z_{n-1}, z_n)\}$$

Tümevarımla kolaylıkla 2.16 , 2.17 ve 2.18 koşullarından

$$d(x_n, x_{n+1}) \le c^{n-1} \max\{d(x_1, x_2), \sigma(z_1, z_2)\}$$

$$p(y_n, y_{n+1}) \leq c^{n-1} \max\{d(x_1,x_2), \sigma(z_1,z_2)\}$$

$$\sigma(z_n, z_{n+1}) \leq c^{n-1} \max\{d(x_1,x_2), \sigma(z_1,z_2)\}$$

eşitsizliklerini yazabiliriz. Burada $0 \leq c < 1$ olduğundan $\{X_n\}$, $\{y_n\}$ ve $\{z_n\}$ birer cauchy dizisidir ve sırasıyla limitleri $u \in X$, $\upsilon \in Y$ ve $w \in Z$ noktalarıdır.

Şimdi farz edelim ki S sürekli olsun. Bu durumda $\lim Sy_n = \lim z_n$ dolayısıyla,

$$S\upsilon = w \tag{2.19}$$

olur. Eş. 2.13'den $y = \upsilon$ $x = x_n$ için,

$$d(RS\upsilon, x_{n+1}) \leq f(p(\upsilon, Tx_n), d(x_n, x_{n+1}), d(x_n, RS\upsilon), \upsilon(S\upsilon, STx_n)).$$

$n \to \infty$ için ve (iii) özelliğinden,

$$d(RS\upsilon, u) \leq f(0, 0, d(RS\upsilon, u), 0)$$

(iv) özelliğinden $d(RS\upsilon, u) = 0$ olur. Dolayısıyla,

$$RS\upsilon = u \tag{2.20}$$

olarak bulunur.

2.19 denkleminden,

$$Rw = u \tag{2.21}$$

eşitliğini yazabiliriz.

2.20 denkleminden ve Eş. 2.14' den $z = Sv$ ve $y = y_n$ için

$$P(Tu, y_{n+1}) \leq g(\sigma(Sv, Sy_n), P(y_n, TRSy_n), p(y_n, TRSv), d(RSv, RSy_n))$$

$n \to \infty$ için ve (iii) özelliğinden,

$$p(Tu, v) \leq g(0, 0, p(v, Tu), 0)$$

(iv) özelliğinden $p(Tu, v) = 0$ olur. Dolayısıyla,

$$Tu = v \tag{2.22}$$

olur. 2.19, 2.21, 2.22 denklemlerinden,

$$TRSv = TRw = Tu = v,$$

$$STRw = STu = Sv = w,$$

$$RSTu = RSv = Rw = u.$$

Benzer sonuca *S* yerine *R* veya *T* sürekli olarak kabul edilerek aynı yolla ulaşabiliriz. Şimdi *u*'nun tekliği ispat edelim. Farz edelim ki *RST*'nin ikinci bir sabit noktası u' olsun. Eş.2.13'den $y = Tu$ ve $x = u'$ için

$$d(u,u') = d(RSTu, RSTu') \leq f(p(Tu,Tu'), 0, d(u,u'), \sigma(STu, STu')$$

(ii) den,

$$d(u,u') \leq c\max\{p(Tu,Tu'), \sigma(STu,STu')\} \qquad (2.23)$$

Üstelik Eş. 2.14' den $z = STu$ ve $y = Tu'$ için

$$p(Tu,Tu') \leq g(\sigma(STu,STu'), 0, p((Tu,Tu'), d(u,u'))$$

(ii) den,

$$p(Tu,Tu') \leq c\max\{\sigma(STu,STu'), d(u,u')\}.$$

(2.24)

Eş. 2.23 ve 2.24' den

$$d(u,u') \leq c\sigma(STu,STu') \qquad (2.25)$$

Son olarak Eş. 2.15' den ve (ii) özelliğinden,

$$\sigma(STu,STu') \leq h(d(u,u'), 0, \sigma(STu,STu'), p(Tu,Tu'))$$

(ii) den,

$$\sigma(STu,STu') \leq c\max\{d(u,u'), p(Tu,Tu')\} \qquad (2.26)$$

Eş.(2.24), (2.25) ve (2.26) dan,

$$d(u,u') \le c\sigma(STu, STu') \le c^2\sigma(STu, STu')$$

dolayısıyla $u = u'$ olur. Burada $0 \le c < 1$ dir. Sonuç olarak *RST*'nin bir tek sabit u noktası vardır. Benzer olarak *TRS*'nin bir tek sabit v noktası, *STR*'nin bir tek sabit w noktası olduğunu gösterebiliriz.

Burada $0 \le c < 1$ için,

$$f(t_1,t_2,t_3,t_4) = g(t_1,t_2,t_3,t_4) = h(t_1,t_2,t_3,t_4) = c\max\{t_1,t_2,t_3,t_4\}$$

olarak tanımlanırsa Teorem 3.2.2 ye Teorem 3.2.4 ün sonucu olarak bakabiliriz.

3.3.Bir Kapalı (implicit) Bağıntıyı Sağlayan Küme Değerli Dönüşüm İçin Bir Genel Seçme Teoremi

Bu kısımda bir küme değerli fonksiyon için verilen kapalı bir bağıntı sağlandığındaverilen koşulları sağlayan tek değerli bir Caristi tipi fonksiyonun seçilebileceği üzerinde durulmuştur. Bu tanım ve teoremler [24] de detaylı bir şekilde incelenmiştir.

3.3.1. Tanım

(X,d) bir metrik uzay ve X'in boştan farklı alt kümelerinin uzayı $P(X)$ olsun. X'in boştan farklı kapalı alt kümelerinin uzayı $Pcl(X)$ ile gösterilir

$$D : P(X)xP(X) \rightarrow IR_{+}, \qquad D(A,B) = \inf\{d(a,b) \mid a \in A, b \in B\}$$

$$H : P(X)xP(X) \rightarrow IR_{+}U\{+\infty\}, \qquad H(A,B) = \max\left\{\sup_{a \in A} D(a,B), \sup_{b \in B} D(b,A)\right\}$$

Fonksiyonlarını dikkate alarak aşağıdaki teoremleri verebiliriz.

Eğer (X,d) tam metrik uzay ise $(Pcl(x), H)$ de tam metrik uzaydır.

3.3.1. Teorem

$(X.d)$ bir metrik uzay ve $F : X \rightarrow Pcl(x)$ küme değerli fonksiyon olsun. Bu durumda en az bir Caristi tipi $f : X \rightarrow X$ fonksiyonu vardır, öyle ki her $x \in X$ için $f(x) \in F(x)$ dir. [17]

3.3.2. Teorem

(X,d) bir metrik uzay olmak üzere $F: X \to Pcl(X)$ $a,b,c \in IR_{+} a+b+c<1$ olsun. Bu durumda her $x,y \in X$ için $H(F(x),F(y)) \leq ad(x,y)+bD(x,F(x))+cD(y,F(y))$ koşulu sağlansın. Bu durumda her $x \in X$ için $f(x) \in F(x)$ olacak şekilde Caristi tipi $f: X \to X$ tek değerli fonksiyonu vardır. [22]

3.3.3. Teorem

(X,d) bir metrik uzay olmak üzere $F: X \to Pcl(X)$, $a_1,...,a_5 \in R_{+}$ ve $a_1+a_2+a_3+2a_4<1$ olsun. Bu durumda her $x,y \in X$ için

$$H(F(x),F(y)) \leq a_1 d(x,y)+a_2 D(x\ ,F(x))+a_3 D(y,F(y))+a_4 D(x,F(y))+a_5 D(y,F(x))$$

koşulu sağlansın. Bu durumda her $x \in X$ için $f(x) \in F(x)$ olacak şekilde Caristi tipi $f: X \to X$ tek değerli fonksiyonu vardır. [29]

3.3.4.Teorem

(X,d) bir metrik uzay olmak üzere $F: X \to Pcl(X)$ çok değerli fonksiyonu $0<q<1$ için

$$H(F(x),F(y)) \leq q \max\{d(x,y), D(x,F(x)), D(y,F(y)), D(x,F(y)), D(y,F(x)\}$$

koşulunu sağlasın. Bu durumda her $x \in X$ için $f(x) \in F(x)$ olacak şekilde bir Caristi tipi $f: X \to X$ tek değerli fonksiyonu vardır. [23]

Aşağıdaki koşulları sağlayan $F(t_1,...,t_6): IR_{+}^{6} \to IR$ reel değerli fonksiyonların kümesini Ψ ile gösterelim.

(F_1) F, t_1 değişkenine göre azalmayan, t_3 ve t_5 için artmayan;

(F_2) her $u,\upsilon>0$ için $F(u,\upsilon,\upsilon,u,\upsilon,0)\leq 0$ olmak üzere en az bir $h\in(0,1)$ vardır öyle ki $u\leq h\upsilon$.

3.3.1. Örnek

$F(t_1,...,t_6)=t_1-a_1t_2-a_2t_3-a_3t_4-a_4t_5-a_5t_6$, buradan

$a_1,...,a_6\in IR_+, a_1+a_2+a_4>0$ ve $a_1+a_2+a_3+2a_4<1$

(F_1) koşulun sağlandığı açıktır.

$$F(u,\upsilon,\upsilon,u,u+\upsilon,0)=u-a_1\upsilon-a_2\upsilon-a_3u-a_4(u+\upsilon)\leq 0$$

$$u-a_4u-a_3u\leq a_1\upsilon+a_2\upsilon+a_4\upsilon$$

$$u(1-a_4-a_3)\leq \upsilon(a_1+a_2+a_4)$$

$$u\leq\frac{(a_1+a_2+a_4)}{(1-a_4-a_3)}.\upsilon$$

$h=\dfrac{(a_1+a_2+a_4)}{1-a_4-a_3}$ denilirse $h\in(0,1)$ dir.

3.3.2. Örnek

$f(t_1,...,t_6)=t_1-k\max\left\{t_2,t_3,t_4,\frac{1}{2}(t_5+t_6)\right\}$ $0<k<1$

(F_1) koşulun sağlandığı açıktır.

$(F_2)F(u,\upsilon,\upsilon,u,u+\upsilon,0)=u-k\max\left\{u,\upsilon,\frac{1}{2}(u+\upsilon)\right\}\leq 0$ olsun. Eğer $u>0$ $u\geq\upsilon$ ise $u(1-k)\leq 0$ olur. Bu bir çelişkidir. Dolayısıyla $u<\upsilon$ olur. Buradan görüldüğü üzere $u<h\upsilon$ dir.

3.3.3. Örnek

$F(t_1,...,t_6) = t_1^2 + at_1t_2 - bt_3t_4 - ct_5t_6$ $a_1c \geq 0$ ve $0 < b < 1$

(F_1) koşulun sağlandığı görülür.

(F_2) $F(u,\upsilon,\upsilon,u,u+\upsilon,0) = u^2 + au\upsilon - bu\upsilon \leq 0$ olsun.

Buradan $u^2 - bu\upsilon \leq 0$ olduğu açıktır. Eğer $u > 0$ ise

$$u^2 \leq bu\upsilon$$

$$u \leq b\upsilon$$

burada $0 < h = b < .1$ Eğer $u = 0$ ise $u \leq h\upsilon$.

3.3.4. Örnek

$F(t_1,...,t_6) = t_1^2 + \dfrac{t_1}{1+t_5+t_6} - (at_2^2 + bt_3^2 + ct_4^2)$ burada $a,b,c \geq 0$, $a+b > 0$ ve $a+b+c < 1$.

(F_1) koşulun sağlandığı tanımdan görülür.

(F_2) $F(u,\upsilon,\upsilon,u,u+\upsilon,0) = u^2 + \dfrac{u}{1+u+\upsilon} - (a\upsilon^2 + b\upsilon^2 + cu^2) \leq 0$ olsun. Buradan;

$$u^2 - (a\upsilon^2 + b\upsilon^2 + cu^2) \leq 0$$

$$u^2 - cu^2 - (a\upsilon^2 + b\upsilon^2) \leq 0$$

$$u^2(1-c) \leq \upsilon^2(a+b)$$

$$u^2 \leq \frac{a+b}{1-c} v^2$$

$$u \leq \sqrt{\frac{a+b}{1-c}} v$$

$0 < h = \sqrt{\frac{a+b}{1-c}} < 1$ için $u \leq hv$ olur.

3.3.5. Örnek

$F(t_1,...,t_6) = \max\{t_1,t_2,t_4\} - \min\{t_5,t_6\} - qt_3$ burada $0 < q < 1$.

(F_1) koşulun sağlandığı kolayca görülür.

(F_2) $F(u,v,v,u,u+v,0) = \max\{u,v\} - qv \leq 0$ olsun.

Eğer $u > 0$ ve $u > v$ ise,

$$\max\{u,v\} - qv \leq 0$$

$$u - qu \leq 0 (u > v)$$

$$u(1-q) \leq 0$$

olur. Bu da bir çelişkidir. Dolayısıyla $u < v$ ve $0 < h = q < 1$ için $u \leq hv$ olur.

3.3.5. Teorem

$(X.d)$ bir metrik uzay ve $F: X \to Pcl(x)$ çok değerli bir fonksiyon, $\Phi \in \psi$ ve her $x.y \in X$ için,

$$\Phi(H(F(x),F(y)), d(x,y), D(x,F(x)), D(y,F(y)), D(x,F(y)) D(y,F(x))) \leq 0 \qquad (3.1)$$

eşitsizliği sağlansın. Bu durumda her $x \in X$ için $f(x) \in F(x)$ olacak şekilde bir Caristi tipi $f: X \to X$ fonksiyonu vardır.

İspat

$\varepsilon = \frac{1-h}{2}$ ve $g(x) = \frac{1}{\varepsilon} D(x, F(x))$ olsun.

Buradan ,

$$\varepsilon + h = \frac{1+h}{2} < 1$$

olduğu açıktır. Buradan $\frac{1}{\varepsilon + h} > 1$ dir. Böylece her $x \in X$ için

$$d(x, f(x)) \leq \frac{1}{\varepsilon + h} D(x, F(x))$$

olacak şekilde $f(x) \in F(x)$ f seçilebilir.

Eş. 3.1' den ve (F_1) den,

$$\Phi(H(F(x), F(f(x))), d(x, f(x)), D(x, F(x)), D(f(x), F(f(x))),$$

$$D(x, F(f(x))), D(f(x), F(x))) \leq 0$$

$$\Phi(D(f(x), F(f(x))), d(x, f(x)), d(x, f(x)), D(f(x), F(f(x))),$$

$$d(x, f(x)) + D(f(x), F(f(x))), 0) \leq 0.$$

(F_2) den her $x \in X$ için,

$$D(f(x), F(f(x))) \leq hd(x, f(x)).$$

Şimdi f 'in bir Caristi tipi operatör olduğunu gösterelim. Her $x \in X$ için,

$$d(x, f(x)) = \frac{1}{\varepsilon}\left[(\varepsilon + h)d(x, f(x)) - hd(x, f(x))\right]$$

$$\leq \frac{1}{\varepsilon}\left[D(x, F(x)) - D(f(x), F(f(x)))\right]$$

$$= g(x) - g(f(x)).$$

4. MENGER UZAYLARDA SABİT NOKTA TEOREMLERİ

4.1. Menger Uzaydaki Ortak Sabit Nokta Teoremleri

Bu kısımda verilen tanım ve teoremler [10] da detaylı bir şekilde incelenmiştir.

4.1.1. Tanım

$F : IR \to IR^{+}$, azalmayan soldan sürekli bir fonksiyon olmak üzere $\inf \{F(t) : t \in IR\} = 0$ ve $\sup \{F(t) : t \in IR\} = 1$ şartları sağlansın bu durumda F fonksiyonuna *dağılım* fonksiyonu denir.

Tüm dağılım fonksiyonlarının kümesini L ile gösterelim. G ile gösterilen özel bir dağılım fonksiyonu,

$$G(t) = \begin{cases} 0, & t \leq 0 \\ 1, & t > 0 \end{cases}$$

olarak tanımlanır.

4.1.2. Tanım

X baştan farklı bir küme ve $\mathcal{F}$, XxX 'den IR'de tanımlı tüm dağılım fonksiyonlarının kümesine tanımlı bir fonksiyon olmak üzere $(X, \mathcal{F})$ ikilisine *probabilistik metrik uzay (PM-space)* denir.

Burada her $x, y \in X$ için $\mathcal{F}(x, y)$ dağılım fonksiyonunu $F_{x,y}$ ve $u \in R$ için $\mathcal{F}(x, y)$'nin aldığı değeri ise $F_{x,y}(u)$ şeklinde temsil edilir.

Ayrıca $F_{x,y}$ dağılım fonksiyonu aşağıdaki şartları sağlar.

(1) $F_{x,y}(u)=1$ dir her $u>0$ için ancak ve ancak $x=y$ ise,

(2) $F_{x,y}(0)=0$, her $x,y\in X$ için,

(3) $F_{x,y}(u)=F_{y,x}(u)$ her $x,y\in X$ için,

(4) Eğer $F_{x,y}(u)=1$ ve $F_{y,z}(\upsilon)=1$ ise $F_{x,z}(u+\upsilon)=1$ dir her $x,y,z\in X$ ve

$u,\upsilon>0$ için,

4.1.3. Tanım

$t:[0,1]x[0,1]\to[0,1]$ fonksiyonu bir *t-norm* olarak adlandırılır. Eğer;

(1) $t(a,1)=a, t(0,0)=0$,

(2) $t(a,b)=t(b,a)$,

(3) $t(c,d)\geq t(a,b)$ dir $c\geq a$ ve $d\geq b$ için,

(4) $t(t(a,b),c)=t(a,t(b,c))$.

4.1.4. Tanım

(X, $\mathscr{F}$) bir *PM-uzay*, t ise bir t-norm olmak üzere her $x,y,z\in X$ ve $u,\upsilon>0$ için

$F_{x,y}(u+\upsilon) \geq t(F_{x,y}(u), F_{y,z}(\upsilon))$

genelleştirilmiş üçgen eşitsizliği sağlanır ise (X, $\mathcal{F}$, t) üçlüsüne *Menger* uzay denir.

Menger uzaylarda komşuluk kavramı Schweiser ve Sklar tarafından ortaya atılmıştır. [26]

4.1.5. Tanım

(X, $\mathcal{F}$, t) bir Menger uzay olsun. Eğer $x \in X$, $\varepsilon > 0$ ve $\lambda \in (0,1)$ ise x'in (ε, λ) komşuluğu $U_x(\varepsilon, \lambda)$ olarak gösterilir ve

$$U_x(\varepsilon, \lambda) = \{y \in X : F_{x,y}(\varepsilon) > 1 - \lambda\}$$

olarak tanımlanır.

X'de bir (ε, λ) topolojisi ise $\{U_x(\varepsilon, \lambda) : x \in X, \varepsilon > 0, \lambda \in (0,1)\}$ komşuluklar ailesi tarafından üretilir.

4.1.1. Uyarı

Eğer t sürekli ise (X, $\mathcal{F}$, t) Menger uzayı (ε, λ) topolojisine göre *Hausdorff* uzaydır [26].

4.1.6. Tanım

(X, $\mathcal{F}$, t) tam Menger uzay ve $A \subset X$ olsun. Eğer;

$$\lim_{u \to \infty} \inf_{x,y \in A} F_{x,y}(u) = 1$$

ise A'ya *sınırlı* küme denir.

4.1.7. Tanım

$B(X)$ ile X Menger uzayının boştan farklı sınırlı alt kümelerinin ailesini gösterelim.

Her $A,B\in B(X)$ ve her $u>0$ için

$${}_{\delta}F_{A,B}(u)=\inf\ \{F_{x,y}(u):x\in A,y\in B\}$$

$${}_{D}F_{A,B}(u)=\sup\ \{F_{x,y}(u):x\in A,y\in B\}$$

$${}_{H}F_{A,B}(u)=\inf\ \left\{\sup_{a\in A}\inf_{b\in B}F_{a,b}(u),\sup_{b\in B}\inf_{a\in A}F_{a,b}(u)\right\}$$

olarak tanımlanır.

4.1.2. Uyarı

Yapılan tanımdan açık olarak görülüyor ki her $A,B\in B$ ve $u>0$ için

$${}_{\delta}F_{A,B}(u)={}_{\delta}F_{B,A}(u),\ {}_{D}F_{A,B}(u)={}_{D}F_{B,A}(u)\ \text{ve}\ {}_{H}F_{A,B}(u)={}_{H}F_{B,A}(u)$$

olur. Eğer $A=\{x\}$ ise ,

$${}_{\delta}F_{\{x\},B}(u)={}_{\delta}F_{x,B}(u),\ {}_{D}F_{\{x\},B}(u)={}_{D}F_{x,B}(u)\ \text{ve}\ {}_{H}F_{\{x\},B}(u)={}_{H}F_{x,A}(u)$$

olarak tanımlanır.

4.1.8. Tanım

(*X*, *ℱ*, *t*) tam Menger uzay, $S: X \to B(X)$ küme değerli bir fonksiyon ve $I: X \to X$ tek değerli fonksiyon olsun. *S* ve *I* fonksiyonlarına *Bağdaşabilir* fonksiyonlar denir. Öyle ki;

$$\lim_{n\to\infty} {}_H F_{SIx_n, ISx_n}(u) = 1 .$$

Burada $\{x_n\}$ *X* de bir dizidir. Öyle ki her $u > 0$ için

$$\lim_{n\to\infty} {}_\delta F_{Ix_n, Sx_n}(u) = 1 .$$

4.1.9. Tanım

$\{A_n\}$, *B*(*X*) de bir dizi olsun. Eğer her $u > 0$ için

$$\lim_{n\to\infty} {}_\delta F_{A_n, A}(u) = 1$$

ise $\{A_n\}$ dizisi A kümesine δ-yakınsak denir. Bu

$A_n \xrightarrow{\delta} A$ olarak gösterilir.

Bu çalışmada IR^+ ile negatif olmayan reel sayıların kümesini, *IN* ile de pozitif doğal sayıların kümesini göstereceğiz. Ayrıca *t*(*x*,*y*) = *min*(*x*,*y*) olarak alacağız.

4.1.1. Lemma

(*X*, *ℱ*, *min*) bir Menger uzay olsun. $A, B, C \in B(X)$ ve $u, v > 0$ için

$$_{\delta}F_{A,C}(u+\upsilon) \geq \min\left\{ _{\delta}F_{A,B}(u), _{\delta}F_{B,C}(u) \right\}$$

eşitsizliği sağlanır.

İspat

Her $u,\upsilon>0$ ve her bir $a\in A$, $b\in B$ ve $c\in C$ için

$$\min\{_{\delta}F_{A,B}(u), _{\delta}F_{B,C}(\upsilon)\} \leq \min\{F_{a,b}(u), F_{b,c}(\upsilon)\} \leq F_{a,c}(u+\upsilon)$$

olur. Dolayısıyla

$$\min\{_{\delta}F_{A,B}(u), _{\delta}F_{B,C}(\upsilon)\} \leq_{\delta} F_{A,C}(u+\upsilon)$$

olduğu görülür.

4.1.2.Lemma

$(X, \mathcal{F}, min)$ bir Menger uzay $A,B\in B(X)$, $c\in X$ ve $u,\upsilon>0$ için

$$_{H}F_{A,c}(u+\upsilon) \geq \min\{_{H}F_{A,B}(u), _{H}F_{B,c}(\upsilon)\}.$$

olur.

İspat

Menger uzayın tanımından her bir $a,b,c\in X$ ve tüm $u,\upsilon>0$ için,

$$F_{a,c}(u+\upsilon) \geq \min\{F_{a,b}(u), F_{b,c}(\upsilon)\}$$

olduğunu biliyoruz. $c \in C$ ler için infrimum alınırsa

$$\inf_{c\in C} F_{a,c}(u+\upsilon) \geq \min\{F_{a,b}(u), \inf_{c\in C} F_{b,c}(\upsilon)\}$$

olur. Dolayısıyla $a \in A$ lar için supremum alınırsa

$$\sup_{a\in A} \inf_{c\in C} F_{a,c}(u+\upsilon) \geq \sup_{a\in A} \min\{F_{a,b}(u), \inf_{c\in C} F_{b,c}(\upsilon)\}$$

$$= \min\{\sup_{a\in A} F_{a,b}(u), \inf_{c\in C} F_{b,c}(\upsilon)\}$$

$$\geq \min\{\sup_{a\in A} \inf_{b\in B} F_{a,b}(u), \inf_{c\in C} F_{b,c}(\upsilon)\}$$

olur. Daha sonra $b \in B$ ler için supremum alınırsa

$$\sup_{a\in A} \inf_{c\in C} F_{a,c}(u+\upsilon) \geq \sup_{b\in B} \min\{ \sup_{a\in A} \inf_{b\in B} F_{a,b}(u), \inf_{c\in C} F_{b,c}(\upsilon)\}$$

$$\geq \min\{ \sup_{a\in A} \inf_{b\in B} F_{a,b}(u), \sup_{b\in B} \inf_{c\in C} F_{b,c}(\upsilon)\}$$

Benzer olarak, her bir $a, b, c \in X$ ve tüm $u, \upsilon > 0$ için

$$F_{a,c}(u+\upsilon) \geq \min\{F_{a,b}(u), F_{b,c}(\upsilon)\}$$

olur. Buradan $a \in A$ lar için infrimum alınırsa

$$\inf_{a\in A} F_{a,c}(u+v) \geq \inf_{a\in A} \min\{F_{a,b}(u),\ F_{b,c}(v)\}$$

$$= \min\{\inf_{a\in A} F_{a,b}(u),\ F_{b,c}(v)\}$$

Dolayısıyla, $c\in C$ ler için supremum alınırsa

$$\sup_{c\in C} \inf_{a\in A} F_{a,c}(u+v) \geq \sup_{a\in A} \min\{\inf_{b\in B} F_{a,b}(u),\ F_{b,c}(v)\}$$

$$= \min\{\inf_{a\in A} F_{a,b}(u),\ \sup_{b\in B} F_{b,c}(v)\}$$

$$\geq \min\{\{\inf_{a\in A} F_{a,b}(u),\ \sup_{c\in C} \inf_{b\in B} F_{b,c}(v)\}\}$$

Daha sonra $b\in B$ ler için supremum alınırsa

$$\sup_{c\in C} \inf_{a\in A} F_{a,c}(u+v) \geq \sup_{b\in B} \min\{\inf_{a\in A} F_{a,b}(u),\ \sup_{c\in C} \inf_{b\in B} F_{b,c}(v)\}$$

$$\geq \min\{\sup_{b\in B} \inf_{a\in A} F_{a,b}(u),\ \sup_{c\in C} \inf_{b\in B} F_{b,c}(v)\}$$

olur.Buradan,

$$_H F_{A.c}(u+v) = \min\{\sup_{c\in C} \inf_{a\in A} F_{a,c}(u+v),\ \sup_{a\in A} \inf_{c\in C} F_{a,c}(u+v)\}$$

$$\geq \min\{\sup_{b\in B} \inf_{a\in A} F_{a,b}(u),\ \sup_{c\in C} \inf_{b\in B} (v),\ \sup_{a\in A} \inf_{b\in B} F_{a,b}(u),\ \sup_{b\in B} \inf_{c\in C} F_{a,c}(u+v)\}$$

$$= \min\{_H F_{A,B}(u), _H F_{B,c}(v)\}.$$

4.1.3. Lemma

$(X, \mathcal{F}, min)$ bir Menger uzay olsun. Eğer $A,B\in B(X)$ ise $\lim_{u\to\infty} {}_{H}F_{A,B}(u)=1$ olur.

İspat

Herhangi bir $x\in A$ ve $b\in B$ ve Lemma 4.1.1. den

$$ {}_{\delta}F_{A,B}(u)\geq \min\left\{ {}_{\delta}F_{A,x}\left(\frac{u}{3}\right), {}_{\delta}F_{x,y}\left(\frac{u}{3}\right), F_{y,B}\left(\frac{u}{3}\right)\right\} $$

olur. $u\to\infty$ için limit alınırsa,

$$ \lim_{u\to\infty} {}_{\delta}F_{A,B}(u)\geq \min\left\{ \lim_{u\to\infty} {}_{\delta}F_{A,x}\left(\frac{u}{3}\right), \lim_{u\to\infty} {}_{\delta}F_{x,y}\left(\frac{u}{3}\right), \lim_{u\to\infty} {}_{\delta}F_{y,B}\left(\frac{u}{3}\right)\right\} $$

Daha önceden bildiğimiz üzere $x\in A, y\in B$ ve $A,B\in B(X)$ için

$\lim_{u\to\infty} {}_{\delta}F_{A,x}\left(\frac{u}{3}\right)=1$ (A sınırlı) ve

$\lim_{u\to\infty} {}_{\delta}F_{y,B}\left(\frac{u}{3}\right)=1$ (B sınırlı) olur. Ayrıca *PM-uzay* tanımından $\lim_{u\to\infty} {}_{\delta}F_{x,y}\left(\frac{u}{3}\right)=1$

olduğundan, $\lim_{u\to\infty} {}_{\delta}F_{A,B}(u)=1$ sonucuna ulaşırız.

Aşağıdaki Lemma 4.1.4. Chang tarafından getirilmiş olup bu çalışmamız için önemli bir rol oynamaktadır. Konuyla ilgili daha geniş bilgiyi [9]'de bulabiliriz.

4.1.4. Lemma

$\phi : IR^{+} \rightarrow IR^{+}$ artan ve sürekli bir fonksiyon olsun. Öyle ki her $u > 0$ için $0 < \phi(u) < u$, $\lim_{u\to\infty} \phi(u) = \infty$, her bir $u > 0$ için $\phi^{0}(u) = u$ ve her bir $n \in IN$ $\phi^{-n}(u) = \phi^{-1}(\phi^{-n+1}(u))$ olarak tanımlanır ise

$$\lim_{n\to\infty} \phi^{-n}(u) = \infty$$

olur.

Sonuç olarak, $\Phi = \{\phi : R^{+} \rightarrow R^{+}:$ ϕ artan ve sürekli fonksiyon, her $t > 0$ için $\phi(t) > t\}$ şeklinde bir küme tanımlayalım.

4.1.5. Lemma

$(X,\ \mathcal{F},\ min)$ bir Menger uzay ve $\{Y_n\}$, $B(X)$ de bir dizi olsun. Eğer her bir $u > 0$ ve $n \in N$ için $\phi \in \Phi$ olmak üzere

$${}_{\delta}F_{Y_{n+1},Y_{n+2}}(\phi(u)) \geq {}_{\delta}F_{Y_n,Y_{n+1}}(u) \quad \text{İse,}$$

$$\lim_{n\to\infty} {}_{\delta}F_{Y_n Y_{n+1}}(u) = 1 \quad \text{olur.}$$

İspat

Tümevarımla $u > 0$ ve her bir $n \in IN$ için,

$${}_{\delta}F_{Y_{n+1},Y_{n+2}}(u) \geq {}_{\delta}F_{Y_n,Y_{n+1}}(\phi^{-1}(u) \geq .... \geq {}_{\delta}F_{Y_1,Y_2}(\phi^{-n}(u))$$

Lemma 4.1.4.'den, ve $n \rightarrow \infty$ için $\phi^{-n}(u) \rightarrow \infty$ olduğundan ayrıca Y_n sınırlı bir küme ve $n \to \infty$ için ${}_{\delta}F_{Y_1,Y_2}(\phi^{-n}(u)) \to 1$ olduğundan,

$$\lim_{n\to\infty} {}_{\delta}F_{Y_{n+1}Y_{n+2}}(u) = 1$$ olur.

4.1.6. Lemma

(X, $\mathcal{F}$, min) bir Menger uzay ve $A, B \in B(X)$ olsun. Eğer $u > 0$ için

$${}_{\delta}F_{A,B}(\phi(u)) \geq {}_{\delta}F_{A,B}(u)$$

ise en az bir $a \in X$ vardır. Öyle ki $A = B = a$ olur.

İspat

$u > 0$ için, tümevarımla,

$${}_{\delta}F_{A,B}(u) \geq {}_{\delta}F_{A,B}(\phi^{-1}(u)) \geq .... \geq {}_{\delta}F_{A,B}(\phi^{-n}(u))$$

eşitsizliğini yazabiliriz. $A, B \in B(X)$ olduğundan ve Lemma 4.1.3.'ten

$$\lim_{n\to\infty} {}_{\delta}F_{A,B}(\phi^{-n}(u)) = 1$$

ve Lemma 4.1.5. ten $u > 0$ için ${}_{\delta}F_{A,B}(u) = 1$ olur. Dolayısıyla en az bir $a \in X$ için,

$$A = B = \{a\}$$

sonucuna varılır.

Aşağıdaki Lemma B. Schweiser ve A. Sklar tarafından ortaya koymuştur. [26]

4.1.7. Lemma

$(X, \mathcal{F}, min)$ bir Menger uzay olsun. Eğer $a_n \to a$ ve $b_n \to b$ ise $u > 0$ için

$$\liminf_{n \to \infty} F_{a_n, b_n}(u) = F_{a,b}(u)$$ olur.

4.1.8. Lemma

$(X, \mathcal{F}, min)$ bir Menger uzay olsun. Eğer $A_n \xrightarrow{\delta} a$ ve $B_n \xrightarrow{\delta} b$ ise $u > 0$ için

$$\liminf_{n \to \infty}{}_{\delta} F_{A_n, B_n}(u) = F_{a,b}(u)$$ olur.

İspat

$u > 0$ ve $\varepsilon > 0$ için önceden bildiğimiz üzere $F_{a,b}(u)$ u noktasında soldan sürekli ve $0 < 2k < u$ olacak şekilde en az bir pozitif k sayısı vardır ve

$$F_{a,b}(u) - F_{a,b}(u - 2k) < \varepsilon .$$

$$k > 0 \text{ ve } A_n \xrightarrow{\delta} a , \; B_n \xrightarrow{\delta} b$$

olduğundan en az $m \in N$ vardır. Öyle ki $n > m$ için ,

$${}_{\delta}F_{A_n, a}(k) \geq F_{a,b}(u - 2k) \text{ ve } {}_{\delta}F_{B_n, b}(k) \geq F_{a,b}(u - 2k) .$$

Dolayısıyla $n > m$ için,

$${}_{\delta}F_{A_n, B_n}(u) \geq \min\{{}_{\delta}F_{A_n, b}(u - k), \; {}_{\delta}F_{b, B_n}(k)\}$$

$$\geq \min\{{}_{\delta}F_{A_n,a}(k),\ {}_{\delta}F_{a,b}(u-2k),\ {}_{\delta}F_{b,B_n}(k)\}$$

$$= F_{a,b}(u-2k)$$

olur. Sonuç olarak

$$-{}_{\delta}F_{A_n,B_n}(u) \leq -F_{a,b}(u-2k).$$

Buradan,

$$F_{a,b}(u) - {}_{\delta}F_{A_n,B_n}(u) < F_{a,b}(u) - F_{a,b}(u-2k) < \varepsilon$$

sonucuna varırız. $n \to \infty$ için infrimum alınırsa

$$F_{a,b}(u) - \liminf_{n\to\infty} {}_{\delta}F_{A_n,B_n}(u) < \varepsilon$$

olur. Herhangi $a_n \in A_n$ ve $b_n \in B_n$ dizileri için $A_n \xrightarrow{\delta} a$ ve $B_n \xrightarrow{\delta} b$ olduğundan $a_n \to a,\ b_n \to b$ olur. Bu nedenle $u > 0$ için,

$${}_{\delta}F_{A_n,B_n}(u) \leq F_{A_n,B_n}(u)$$

olur. $n \to \infty$ için infrimum alınırsa,

$$\liminf_{n\to\infty} {}_{\delta}F_{A_n,B_n}(u) \leq \liminf_{n\to\infty} {}_{\delta}F_{a_n,b_n}(u)$$

olur. Lemma 4.1.7.' den ,

$\liminf_{n\to\infty} F_{a_n,b_n}(u) = F_{a,b}(u)$, bu nedenle

$$F_{a,b}(u) - \liminf_{n\to\infty}{}_\delta F_{A_n,B_n}(u) \geq 0$$

olur. Sonuç olarak herhangi bir $\varepsilon > 0$ için,

$$\varepsilon > F_{a,b}(u) - \liminf_{n\to\infty}{}_\delta F_{A_n,B_n}(u) \geq 0$$

Buradan da anlaşılacağı üzere $u > 0$ için

$$\liminf_{n\to\infty}{}_\delta F_{A_n,B_n}(u) = F_{a,b}(u).$$

4.1.1. Teorem

(X, $\mathcal{F}$, *min*) bir tam Menger uzay, $f, g, \eta, \xi : X \to X$ şeklinde tanımlı tek değerli dört fonksiyon ve $S, T : X \to B(X)$ olarak tanımlı küme değerli iki fonksiyon olmak üzere;

(i) $S(X) \subset \xi g(X)$, $T(X) \subset \eta f(X)$,

(ii) $\eta f = f\eta$, $\xi g = g\xi$, $Sf = fS$, $Tg = gT$,

(iii) ηf veya ξg sürekli,

(iv) $(S, \eta f)$ ve $(T, \xi g)$ bağdaşabilir fonksiyonlar ve

(v) $u > 0$, $\phi \in \Phi$, $\beta \in (0,2)$ ve her $x, y \in X$ için

$${}_\delta F_{Sx,Ty}(\phi(u)) \geq \min\{F_{\eta fx,\xi gy}(u), {}_\delta F_{\eta fx,Sx}(u), {}_\delta F_{\xi gy,Ty}(u), {}_\delta F_{\xi gy,Sx}(\beta u), {}_\delta F_{\eta fx,Ty}((2-\beta)u)\}$$

koşulları sağlansın. Bu durumda f,g,η,ξ,S ve T fonksiyonlarının X'de tek bir ortak sabit noktası vardır.

İspat

$x_0 \in X$ ve $\{x_n\}$ dizisini de aşağıdaki gibi tanımlayalım.

$\xi gx_{2n+1} \in Sx_{2n} = Z_{2n}$, $\eta fx_{2n+2} \in Tx_{2n+1} = Z_{2n+1}$.

$n \in N$ ve her bir $u > 0$ için, $\beta = (1-\alpha)$ ve $\alpha \in (0,1)$ olmak üzere;

$${}_\delta F_{Z_{2n},Z_{2n+1}}(\phi(u) = {}_\delta F_{Sx_{2n},Tx_{2n+1}}(\phi(u))$$

$$\geq \min\{F_{\eta fx_{2n},\xi gx_{2n+1}}(u), {}_\delta F_{\eta fx_{2n},Sx_{2n}}(u), {}_\delta F_{\xi gx_{2n+1},Tx_{2n+1}}(u),$$

$${}_\delta F_{\xi gx_{2n+1},Sx_{2n}}((1-\alpha)u), {}_\delta F_{\eta fx_{2n},Tx_{2n+1}}((1+\alpha)u)\}$$

$$\geq \min\{{}_\delta F_{Z_{2n-1},Z_{2n}}(u), {}_\delta F_{Z_{2n-1},Z_{2n}}(u), {}_\delta F_{Z_{2n},Z_{2n+1}}(u), {}_\delta F_{Z_{2n},Z_{2n}}((1-\alpha)u), {}_\delta F_{Z_{2n-1},Z_{2n+1}}((1+\alpha)u)\}$$

$$\geq \min\{{}_\delta F_{Z_{2n-1},Z_{2n}}(u), {}_\delta F_{Z_{2n-1},Z_{2n}}(u), {}_\delta F_{Z_{2n},Z_{2n+1}}(u), 1, {}_\delta F_{Z_{2n-1},Z_{2n}}(u), {}_\delta F_{Z_{2n},Z_{2n+1}}(\alpha u)\}$$

$$= \min\{{}_\delta F_{Z_{2n-1},Z_{2n}}(u), {}_\delta F_{Z_{2n},Z_{2n+1}}(u), {}_\delta F_{Z_{2n},Z_{2n+1}}(\alpha u)\}.$$

t-norm = min ve sürekli olduğundan $\alpha \to 1$ için

$${}_\delta F_{Z_{2n},Z_{2n+1}}(\phi(u)) \geq \min\{{}_\delta F_{Z_{2n-1},Z_{2n}}(u), {}_\delta F_{Z_{2n},Z_{2n+1}}(u)\}$$

Lemma 4.1.6.'dan

$_{\delta}F_{Z_{2n},Z_{2n+1}}(\phi(u)) \geq {}_{\delta}F_{Z_{2n-1},Z_{2n}}(u)$.

Benzer olarak $n \in N$ ve tüm $u > 0$ için

$$_{\delta}F_{Z_{2n+1},Z_{2n+2}}(\phi(u)) \geq {}_{\delta}F_{Z_{2n},Z_{2n+1}}(u)$$

Dolayısıyla her $n \in N$ ve $u > 0$ için

$$_{\delta}F_{Z_{n+1},Z_{n+2}}(\phi(u)) \geq {}_{\delta}F_{Z_{n},Z_{n+1}}(u)$$

Lemma 4.1.5.' ten her bir $u > 0$ için

$$\lim_{n \to \infty} {}_{\delta}F_{z_n,z_{n+1}}(u) = 1 \qquad (*)$$

Şimdi $\beta = 1$ için (υ) şartı üzerinde düşünelim ve iddia edelim ki $\varepsilon > 0$ ve $\lambda \in (0,1)$ için bir $M(\varepsilon,\lambda) \in N$ var öyle ki $n, m \geq M$ için,

$$_{\delta}F_{Z_n,Z_m}(\varepsilon) \geq 1 - \lambda$$

Eğer durum böyle değil ise $\varepsilon' > 0$, $\lambda' \in (0,1)$ vardır öyle ki $k \in N$ için $n_k > m_k \geq k$ olacak şekilde n_k ve m_k vardır ve aşağıdaki üç koşul sağlanır.

(1) n_k çift ve m_k tek,

(2) $_{\delta}F_{Z_{n_k},Z_{m_k}}(\varepsilon') < 1 - \lambda'$ ve

(3) n_k (1) ve (2) yi sağlayan en küçük çift sayıdır.

(*)' den dolayı bir $m_1 \in N$ seçebilirim öyle ki $n \geq m_1$ için,

$${}_\delta F_{Z_n, Z_{n+1}}(\min\left\{\frac{\varepsilon'}{2}, \frac{\phi^{-1}(\varepsilon') - \varepsilon'}{2}\right\}) > 1 - \lambda'$$

Dolayısıyla $k > m_1$ için, $n_k \geq m_k + 3$ ve $k > m_1$ olduğundan

$$1 - \lambda' >_\delta F_{Z_{n_k}, Z_{m_k}}(\varepsilon') = {}_\delta F_{Sx_{n_k}, Tx_{m_k}}(\varepsilon')$$

$$\geq \min\{F_{\eta fx_{n_k}, \xi gx_{m_k}}(\phi^{-1}(\varepsilon')), {}_\delta F_{\eta fx_{n_k}, S_{x_{n_k}}}(\phi^{-1}(\varepsilon')),$$

$${}_\delta F_{\xi gx_{m_k}, :T_{x_{m_k}}}(\phi^{-1}(\varepsilon')), {}_\delta F_{\xi gx_{m_k}, :S_{x_{n_k}}}(\phi^{-1}(\varepsilon')), {}_\delta F_{\eta fx_{n_k}, T_{x_{m_k}}}(\phi^{-1}(\varepsilon'))\}$$

$$\geq \min\{{}_\delta F_{Z_{n_{k-1}}, Z_{m_{k-1}}}(\phi^{-1}(\varepsilon')), {}_\delta F_{Z_{n_{k-1}}, Z_{n_k}}(\phi^{-1}(\varepsilon')),$$

$${}_\delta F_{Z_{m_{k-1}}, Z_{m_k}}(\phi^{-1}(\varepsilon')), {}_\delta F_{Z_{n_k}, Z_{m_{k-1}}}(\phi^{-1}(\varepsilon')), {}_\delta F_{Z_{n_{k-1}}, Z_{m_k}}(\phi^{-1}(\varepsilon'))\}.$$

Daha önceden,

$${}_\delta F_{Z_{n_{k-1}}, Z_{m_k}}(\phi^{-1}(\varepsilon')) \geq \min\{{}_\delta F_{Z_{n_{k-1}}, Z_{n_{k-2}}}(\phi^{-1}(\varepsilon') - \varepsilon'), {}_\delta F_{Z_{n_{k-2}}, Z_{m_k}}(\varepsilon')$$

$${}_\delta F_{Z_{m_{k-1}}, Z_{n_k}}(\phi^{-1}(\varepsilon')) \geq \min\{{}_\delta F_{Z_{m_{k-1}}, Z_{n_{k-1}}}(\frac{\phi^{-1}(\varepsilon') + \varepsilon'}{2}), {}_\delta F_{Z_{n_{k-1}}, Z_{n_{k-1}}}(\frac{\phi^{-1}(\varepsilon') - \varepsilon'}{2})\}$$

$$\geq \min\{{}_\delta F_{Z_{n_{k-1}},Z_{n_{k-2}}}(\frac{\phi^{-1}(\varepsilon^{l})-\varepsilon^{l}}{2}), {}_\delta F_{Z_{n_{k-2}},Z_{m_{k-1}}}(\varepsilon^{l}), {}_\delta F_{Z_{n_{k-1}},Z_{n_k}}(\frac{\phi^{-1}(\varepsilon^{l})-\varepsilon^{l}}{2})\}$$

$$\geq \min\{{}_\delta F_{Z_{n_{k-1}},Z_{n_{k-2}}}(\frac{\phi^{-1}(\varepsilon^{l})-\varepsilon^{l}}{2}), {}_\delta F_{Z_{n_{k-2}},Z_{m_k}}(\frac{\varepsilon^{l}}{2}), {}_\delta F_{Z_{m_k},Z_{m_{k-1}}}(\frac{\varepsilon^{l}}{2}), {}_\delta F_{Z_{n_{k-1}},Z_{n_k}}(\frac{\phi^{-1}(\varepsilon^{l})-\varepsilon^{l}}{2})\}$$

$$\geq \min\{{}_\delta F_{Z_{n_{k-1}},Z_{n_{k-2}}}(\varepsilon^{l}), {}_\delta F_{Z_{n_{k-2}},Z_{m_k}}(\varepsilon^{l}), {}_\delta F_{Z_{m_k},Z_{m_k}}(\frac{\phi^{-1}(\varepsilon^{l})-\varepsilon^{l}}{2}),$$
$${}_\delta F_{Z_{m_k},Z_{m_{k-1}}}(\varepsilon^{l}), {}_\delta F_{Z_{m_{k-1}},Z_{n_k}}(\frac{\phi^{-1}(\varepsilon^{l})-\varepsilon^{l}}{2})\}$$

ve

$${}_\delta F_{Z_{n_{k-1}},Z_{m_{k-1}}}(\phi^{-1}(\varepsilon^{l})) \geq \min\{{}_\delta F_{Z_{n_{k-1}},Z_{n_{k-2}}}(\frac{\phi^{-1}(\varepsilon^{l})-\varepsilon^{l}}{2}), {}_\delta F_{Z_{n_{k-2}},Z_{m_{k-1}}}(\frac{\phi^{-1}(\varepsilon^{l})+\varepsilon^{l}}{2})\}$$

$$\geq \min\{{}_\delta F_{Z_{n_{k-1}},Z_{n_{k-2}}}(\frac{\phi^{-1}(\varepsilon^{l})-\varepsilon^{l}}{2}), {}_\delta F_{Z_{n_{k-2}},Z_{m_k}}(\varepsilon^{l}), {}_\delta F_{Z_{m_{k-1}},Z_{m_k}}(\frac{\phi^{-1}(\varepsilon^{l})-\varepsilon^{l}}{2})$$

olduğunu biliyoruz. Dolayısıyla $k > m_1$ olduğunda,

$$1-\lambda^{l} >_\delta F_{Z_{n_k},Z_{m_k}}(\varepsilon^{l}) \geq 1-\lambda^{l}$$

olur. Bu da bir çelişkidir. X tam olduğundan Z_n de seçtiğimiz herhangi bir z_n için oluşturulan $\{z_n\}$ dizisi X'de bir z noktasına yakınsamalıdır. Bu z noktası z_n seçiminden bağımsızdır, dolayısıyla

$$\eta f_{x_{2n}} \to z,\ \xi g_{x_{2n+1}} \to z,\ Sx_{2n} \to \{z\}, Tx_{2n+1} \to \{z\}.$$

Buradan $u>0$ için $n\to\infty$ olduğunda

$F_{\eta fx_{2n},z}(u)\to 1,\ F_{\xi gx_{2n+1},z}(u)\to 1,\ {}_{\delta}F_{Sx_{2n},z}(u)\to 1,\ {}_{\delta}F_{Tx_{2n+1},z}(u)\to 1$ olur.

Var sayalım ki ηf fonksiyonu sürekli olsun, buradan $u>0$ için

$$\lim_{n\to\infty} F_{(\eta f)^2 x_{2n},\eta f_Z}(u)=1 \text{ ve}$$

$$\lim_{n\to\infty} {}_{\delta}F_{\eta fSx_{2n},\eta fz}(u)=1.$$

$$\lim_{n\to\infty} F_{\eta fx_{2n},z}(u)=1 \text{ ve}$$

$$\lim_{n\to\infty} {}_{\delta}F_{Sx_{2n},z}(u)=1$$

olduğundan,

$\lim_{n\to\infty} {}_{\delta}F_{Sx_{2n},\eta fx_{2n}}(u)=1$ olur. Daha önceden bildiğimiz üzere S ve ηf bağdaşabilir ve

$u>0$ için $\lim_{n\to\infty} F_{Sx_{2n},\eta fx_{2n}}(u)=1$ olduğundan,

$$\lim_{n\to\infty} {}_{H}F_{\eta fSx_{2n},S\eta fx_{2n}}(u)=1 \text{ ve}$$

$${}_{H}F_{S\eta fx_{2n},\eta f_Z}(u)\geq \min\{{}_{H}F_{\eta fSx_{2n},S\eta fx_{2n}}\left(\frac{u}{2}\right),\ {}_{H}F_{\eta fSx_{2n},\eta fz}\left(\frac{u}{2}\right)\}$$

ve daha önce bildiğimiz gibi

$\lim\limits_{n\to\infty} {}_H F_{\eta fx_{2n}, S\eta fx_{2n}}(\frac{u}{2}) = 1$ ve $\lim\limits_{n\to\infty} {}_H F_{\eta fSx_{2n}, \eta fz}(\frac{u}{2}) = 1$ olduğundan,

$$\lim_{n\to\infty} {}_H F_{S\eta fx_{2n}, \eta fz}(u) = \lim_{n\to\infty} {}_\delta F_{S\eta fx_{2n}, \eta fz}(u) = 1 .$$

İspatın diğer kısmını 5 adımda yapacağız.

1.Adım: $u > 0, \beta = 1$ ve (υ) şartından,

$$_\delta F_{S\eta fx_{2n}, Tx_{2n+1}}(\phi(u)) \geq \min\{F_{(\eta f)^2 x_{2n}, \xi gx_{2n+1}}(u), {}_\delta F_{(\eta f)^2 x_{2n}, S\eta fx_{2n}}(u),$$

$$_\delta F_{\xi gx_{2n+1}, Tx_{2n+1}}(u), {}_\delta F_{\xi gx_{2n+1}, S\eta fx_{2n}}(u), {}_\delta F_{(\eta f)^2 x_{2n}, Tx_{2n+1}}(u)\}$$

$n \to \infty$ için limit alınırsa Lemma 4.1.8.'den,

$$F_{\eta fz, z}(\phi(u)) \geq \min\{F_{\eta fz, z}(u), F_{\eta fz, \eta fz,}(u), F_{z,z}(u), F_{\eta fz, z}(u),$$

$$F_{\eta fz, z}(u)\} = F_{\eta fz, z}(u).$$

Buradan, $\eta fz = z$ olarak bulunur.

2.Adım: $u > 0$, $\beta = 1$ ve (υ) koşulundan,

$$_\delta F_{Sz,z}(\phi(u)) = \liminf_{n\to\infty} {}_\delta F_{Sz, Tx_{2n+1}}(\phi(u))$$

$$\geq \liminf_{n\to\infty} \min\{F_{\eta fz, \xi gx_{2n+1}}(u), {}_\delta F_{\eta fz, Sz}(u), {}_\delta F_{\xi gx_{2n+1}, Tx_{2n+1}}(u), {}_\delta F_{Sz, \xi gx_{2n+1}}(u), {}_\delta F_{\eta fz, Tx_{2n+1}}(u)\}$$

$$\geq \min\{F_{z,z}(u), {}_\delta F_{z,Sz}(u), F_{z,z}(u), {}_\delta F_{z,Sz}(u), F_{z,z}(u)\} = {}_\delta F_{z,Sz}(u)$$

Dolayısıyla $s_z = \{z\}$ olur.

1.adım ve 2. adımdan $s_2 = \{z\} = \{\eta fz\}$

3. Adım: (i) koşulundan, $SX \subset \xi gX$ ve bir $z' \in X$ vardır öyle ki $\{\xi gz'\} = Sz = \{z\}$ olur. Dolayısıyla, en az bir $u > 0$ ve (υ) koşulundaki $\beta = 1$ değeri için

$${}_{\delta}F_{Sx_{2n},Tz'}(\phi(u)) \geq \min\{F_{\eta fx_{2n},\xi gz'}(u), {}_{\delta}F_{\eta fx_{2n},Sx_{2n}}(u),$$

$${}_{\delta}F_{\xi gz',Tz'}(u), {}_{\delta}F_{\eta fz',Sx_{2n}}(u), {}_{\delta}F_{\eta fx_{2n},Tz'}(u)\}$$

$n \to \infty$ için infrimum alınırsa Lemma 4.1.8. den,

$${}_{\delta}F_{z,Tz'}(\phi(u)) \geq \min\{F_{z,z}(u), F_{z,z}(u), {}_{\delta}F_{z,Tz'}(u), F_{z,z}(u), {}_{\delta}F_{z,Tz'}(u)\} = {}_{\delta}F_{z,Tz'}(u).$$

Dolayısıyla $Tz' = \{z\}$ olur. Sonuç olarak $\{\xi gz'\} = \{z\} = \{Tz'\}$ olur.
İlk iki adım sonuçlarıyla beraber

$\{z\} = \{\eta fz\} = \{Sz\} = \{\xi gz'\} = \{Tz'\}$
Sonucuna ulaşabiliriz.

Daha önceden bildiğimiz üzere S ve ηf bağdaşabilir fonksiyonlar ve $\{\eta fz\} = Sz$ olduğundan, $\eta fSz = S\eta fz$ olur. Sonuç olarak $\{\eta fz\} = Sz$ olur. Dolayısıyla,

$${}_{\delta}F_{Sz,z}(\phi(u)) = {}_{\delta}F_{Sz,Tz'}(\phi(u))$$

$$\geq \min\{F_{\eta fz,\xi gz'}(u), {}_{\delta}F_{\eta fz,Sz}(u), {}_{\delta}F_{\xi gz',Tz'}(u), {}_{\delta}F_{\eta fz,Tz'}(u), {}_{\delta}F_{Sz,\xi gz'}(u)\}$$

$$= {}_{\delta}F_{\eta fz,z}(u) = {}_{\delta}F_{Sz,z}(u).$$

Dolayısıyla $Sz = \{z\} = \{\eta fz\}$.

X kümesinde bir z' elemanı seçelim Öyle ki,

$\{\xi gz'\} = Sz = \{z\}$ eşitliğini sağlasın. Buradan,

$${}_{\delta}F_{z,Tz'}(\phi(u)) = {}_{\delta}F_{Sz,Tz'}(\phi(u))$$

$$\geq \min\{F_{\eta fz,\xi gz'}, {}_{\delta}F_{\eta fz,Sz}(u), {}_{\delta}F_{\xi gz',Tz'}(u), {}_{\delta}F_{\eta fz,Tz'}(u), \ {}_{\delta}F_{Sz,\xi gz'}(u)\}$$

$$= {}_{\delta}F_{z,Tz'}(u).$$

Dolayısıyla Lemma 4.1.6.' dan $Tz' = \{z\}$ olur.

T ve ξg bağdaşabilir fonksiyonlar ve $\{\xi gz'\} = Tz'$ olduğundan, $T\xi gz' = \xi gTz'$ dolayısıyla $Tz = \{\xi gz\}$ olur.

$u > 0$ için

$${}_{\delta}F_{Sz,Tz}(\phi(u)) \geq \min\{F_{\eta fz,\xi gz}(u), {}_{\delta}F_{\eta fz,Sz}(u), {}_{\delta}F_{\xi gz,Tz}(u), {}_{\delta}F_{\eta fz,Tz}(u), {}_{\delta}F_{Sz,\xi gz}(u)\}$$

$= F_{\eta fz,\xi gz}(u)$

$=_{\delta} F_{Sz,Tz}(u)$.

Sonuç olarak $S_z = T_z = \{\eta fz\} = \{\xi gz\} = \{z\}$ olur.

4. Adım: $u > 0$ ve (v) koşulundaki $\beta = 1$ değeri için

$${}_{\delta}F_{Sfz,Tx_{2n+1}}(\phi(u)) \geq \min\{F_{\eta ffz,\xi gx_{2n+1}}(u), {}_{\delta}F_{\eta ffz,Sfz}(u),$$

$${}_{\delta}F_{\xi gx_{2n+1},Tx_{2n+1}}(u), {}_{\delta}F_{\xi gx_{2n+1},Sfz}(u), {}_{\delta}F_{\eta ffz,Tx_{2n+1}}(u).\}$$

(ii) koşulundan $\eta f = f\eta$, $Sf = fS$, dolayısıyla

$\eta f(fz) = f(nfz) = fz$ ve $S(fz) = \{f(S_z)\} = \{fz\}$.

$n \to \infty$ için infrimum alınırsa lemma 4.1.8 den

$$F_{fz,z}(\phi(u)) \geq \min\{F_{fz,z}(u), F_{fz,fz}(u), F_{z,z}(u), F_{z,fz}(u), F_{fz,z}(u)\} = F_{fz,z}(u).$$

Dolayısıyla,

$f_z = z$.

1.adım ve 4.adımdan $nfz = z$ ve $fz = z$, yani $\eta z = z$ olur. Sonuç olarak

$\{z\} = \{fz\} = \{\eta z\} = Sz$.

5. Adım: $u>0$ ve (υ) koşulundaki $\beta=1$ değeri için,

$$_{\delta}F_{Sx_{2n},Tgz}(\phi(u)) \geq \min\{F_{\eta fx_{2n},\xi ggz}(u), _{\delta}F_{\eta fx_{2n},Sx_{2n}}(u), _{\delta}F_{\xi ggz,Tgz}(u),$$

$$_{\delta}F_{\xi ggz,Sx_{2n}}(u), _{\delta}F_{\eta fx_{2n},Tgz}(u).\}$$

$Tg=gT$ ve $\xi g=g\xi$ olduğundan ,

$Tgz=\{gTz\}=\{gz\}$ ve $\xi g(gz)=g(\xi gz)=gz$ olur.

$n\to\infty$ için infrimum alınırsa Lemma 4.1.8'den

$$F_{z,gz}(\phi(u)) \geq \min\{F_{z,gz}(u), F_{z,z}(u), F_{gz,gz}(u), F_{gz,z}(u), F_{z,gz}(u)\} = F_{z,gz}(u)$$

Buradan $gz=z$ olur.

Dolayısıyla 3. adım ve 5. adımdan $\xi gz=z$ ve $gz=z$, yani $\xi z=z$, dolayısıyla

$$\{z\}=\{gz\}=\{\xi z\}=Tz$$

eşitliğine ulaşırız. Sonuç olarak

$$\{z\}=\{fz\}=\{gz\}=\{\eta z\}=\{\xi z\}=Sz=Tz$$

olduğunu söyleyebiliriz. Şimdi z'nin tekliğini ispat edelim. $y\in X$ η, f, ξ, g, S ve T fonksiyonlarının diğer bir ortak sabit noktası olsun. $u>0$ için

$$F_{z,y}(\phi(u)) = {}_{\delta}F_{Sz,Tz}(\phi(u))$$

$$\geq \min\{F_{\eta fz,\xi gy}(u),_{\delta} F_{\eta fz,Sz}(u),_{\delta} F_{\xi gy,Ty}(u),_{\delta} F_{\xi gy,Sz}(u),_{\delta} F_{\eta fz,Ty}(u)\}$$

$$\geq \min\{F_{z,y}(u), F_{z,z}(u), F_{y,y}(u), F_{y,z}(u), F_{ygz}(u)\} = F_{z,y}(u)$$

Buradan $y = z$ olduğu görülür. Böylece ispat tamamlanmış olur. Teorem 4.1.1.'de $f = g = I$ (Özdeşlik fonksiyonu) alınırsa aşağıdaki sonuç yazılabilir.

4.1.1 Sonuç

(X, $\mathcal{F}$, min) tam menger uzay,

$\eta, \xi : X \to X$ tek değerli iki fonksiyon ve $S, T : X \to B(X)$ küme değerli iki fonksiyon olsun. her $x, y \in X, \beta \in (0,2)$ ve $\phi \in \Phi$ için

(i) $S(X) \subset \xi(X), T(X) \subset \eta(X)$,

(ii) η veya ξ sürekli,

(iii) (S, η) veya (T, ξ) bağdaşabilir, ve

(iv) $u > 0$ için

$$_{\delta} F_{Sx,Ty}(\phi,(u)) \geq \min\{F_{\eta x,\xi y}(u),_{\delta} F_{\eta x,Sx}(u),_{\delta} F_{\xi y,Ty}(u),_{\delta} F_{\xi y,Sx}(\beta u), _{\delta} F_{\eta x,Ty}((2-\beta)u)\}$$

koşulları sağlanıyor ise η, ξ, S ve T tek bir $z \in X$ sabit noktasına sahiptir. İspatı Teorem 4.1.1.' in ispatına benzer bir şekilde yapılır.

4.1.2. Teorem

(*X*, *ℱ*, *min*) tam menger uzay, $f,g,n,\xi : X \to X$ tek değerli dört fonksiyon ve $S,T : X \to B(X)$ küme değerli iki fonksiyon olsun. Her $x,y \in X$ ve $\phi \in \Phi$ için

(i) $S(X) \subset \xi g(X)$, $T(X) \subset \eta f(X)$,

(ii) $\eta f = f\eta$, $\xi g = g\xi$, $Sf = fS$, $Tg = gT$,

(iii) ηf veya ξg sürekli,

(iv) $(S,\eta f)$ ve $(T,\xi g)$ bağdaşabilir ve

(v) $u > 0$ için

$$_{\delta}F_{Sx,Ty}(\phi(u)) \geq \min\{F_{\eta fx,\xi gy}(u),_{\delta}F_{\eta fx,Sx}(u),_{\delta}F_{\xi gy,Ty}(u),_{D}F_{\xi gy,Sx}(u)+_{D}F_{\eta fx,Ty}(u)\}$$

ise, f,g,η,ξ,S ve *T* bir tek $z \in X$ ortak sabit noktaya sahiptir.

Eğer $f = g = I$ olarak alınırsa aşağıdaki sonucu yazabiliriz.

4.1.2. Sonuç

(*X*, *ℱ*, *min*) tam metrik uzay, $\eta,\xi : X \to X$ tek değerli iki fonksiyon ve $S,T : X \to B(X)$ küme değerli iki fonksiyon olsun. Her $x,y \in X$ ve $\phi \in \Phi$ için;

(i) $S(X) \subset \xi(X)$, $T(X) \subset \eta(X)$,

(ii) η veya ξ sürekli

(iii) (S,η) ve (T,ξ) bağdaşabilir fonksiyonlar ve

(iv) $u>0$ için

$$_{\delta}F_{Sx,Ty}(\phi(u)) \geq \min\{F_{\eta x,\xi y}(u), {}_{\delta}F_{\eta x,Sx}(u), {}_{\delta}F_{\xi y,Ty}(u),$$

$$_{D}F_{\xi y,Sx}(u) +_{D} F_{\eta x,Ty}(u)\}$$

koşulları sağlanıyor ise η,ξ,S ve T tek bir $z \in X$ ortak sabit noktasına sahiptir.

KAYNAKÇA

1. Alaca, C. Türkoğlu, D. and Yıldız, C. "Fixed Points In Intuitionistic Fuzzy Metric Spaces", ***Chaos, Solitons & Fractals,*** 29, 1073-1078 (2006).

2. Aliouche, A.Fişher, B., "A fixed point theorem for set valued mappings on two complete metric spaces" , **Bull Allahabat Mat.Soc.,** 21: 31- 40 (2006).

3. Altun, İ.Türkoğlu, D., " Some fixed point theorems for weakly compatible mappings satisfying an implicit relation", ***Taiwanese J. Math***., 13 :1291 (2009).

4. Altun, İ. Türkoglu, D., "Some fixed point theorems for multivalued maps satisfying an implicit relation on metrically convex metric spaces", ***Kyungpook Math.J***., 48: 367-377 (2008).

5. Altun, İ. Hancer, H. A. and Türkoğlu, D., "Fixed point theorems on d-complete topological spaces", ***Carpathian Journal of Mathematics***, 24 (1): 1-7 (2008).

6. Altun, İ. and Türkoğlu, D., "Some fixed point theorems for weakly compatible multivalued mappings satisfying an implicit relation", ***Filomat***, 22 (1): 11-19 (2008).

7. Altun, İ. Hançer, H. A. and Türkoğlu, D. "A Fixed Point Theorem Tor Multi-maps Satisfying An Implicit Relation On Metrically Convex Metric Spaces", ***Math. Commun***., 11: 17-23, (2006).

8. Banach, S., "Theorie les operations lineaires", ***Manograie Mathematyezne***, Warsaw, (1932).

9. Chang, T.H., "Common fixed point theorems in Menger spaces", ***Bull. Inst. Math. Acad. Sinica,*** 22: 17-29 (1994).

10. Chen, C.M. Chang, T.H., "Common fixed point theorems in Menger spaces",**Int.J. Math. Math.Sci.,**15:75931 (2006).

11. Fisher, B. and Türkoğlu, D., "Related Fixed Points For Two Pairs Of Set Valued Mappings On Two Metric Spaces", ***Fixed Point Theory and Applications***, 3: 63-70 (2002).

12. Fisher, B. and Türkoğlu, D., "Related Fixed Points For Set Valued Mappings On Two Metric Spaces", ***Int. J. Math. Math. Sci.***, 23 : 205-210 (2000).

13. Fisher, B., " fixed point on two metric spaces", ***Glasnik Mat.***, 16(36): 333-337 (1981).

14.Frechet, M., "Sur quelques points du calcul fonctionnel", ***Rend. Circ. Mat. Palermo,*** 22: 1-74(1906).

15.Hicks, T. L. and Sharma, P.L., "Probabİlîstic metric structures: Topological classification", ***Univ. u Novom Sadu Ser. Mat.,*** 14 (1): 43-50 (1984).

16.Istratescu, V. M., "Introducere in theoria spatiilor metrice probabiliste cu aplicatii", ***Editura Technica***, Bucharest, (1974).

17.Jachymski, J. R., "Caristi's fixed points theorem and selection of set-valued contractions", ***J. Math. Anal. Appl.***, 227: 55-67 (1998).

18.Jain R. K., Shrivastava A. K., "Fisher B., Fixed point on three complete metric spaces", ***Novi Sad J. Math***., 27: 27-35 (1997).

19.Kütükçü, S. Türkoğlu, D. and Yıldız, C., "Some Fixed Point Theorems For Multivalued Mappings In Fuzzy Menger Space ", ***J. Fuzzy Math***., 15 (2): 413-424 (2007) .

20.Menger, K., "Statistical metrics", ***Proc. Nat Acad. Sci,*** 28: 535-537 (1942).

21.Nung, N. P., "A fixed point theorem in three metric spaces ", ***Math Seminar Notes***, Kobe Univ., 11: 77-79 (1983)

22.Petruşel, A. Sîntămărian, A., "*Single-valude and multi-valued Caristi type operators*", ***Publ. Math. Debrecen*** , 60: 167-177 (2002).

23.Petruşel, A. Petruşel, G., "*Selection theorems for multivalued generalized contractions*", ***Math- Moravica*** 9: 43-52 (2005).

24.Popa, V. "A general selection theorem for multivalued functions satisfying an implicit relation", **Fixed point theory** 8(2): 297- 301 (2007).

25.Radu, V., "Lectures on probabilistic analysis", ***Universitatea de Vest din Timişoara***, Timişoara, (1994).

26. Schweizer, B. Sklar, A., " Statistical metric spaces", ***Pacific. J. Math,***10: 313-334 (1960).

27. Schweizer, B. and Sklar, A., "Probabilistic metric spaces", ***North-Holland,*** *Amsterdam*, (1983).

28. Sehgal, V. M. and Bharucha-Reid, A T., "Fixed point of contraction mapping on PM spaces", **Math. Systems Theory**, 6: 97-100 (1972).

29. Sîntămărian, A., "Selections and common fixed points for some generalized multivalued contractions, ***Demonstratio Math***. 39: 609-617 (2006).

30. Telci, M., "Fixed points on two complete and compact metric spaces", ***Appl. Math. Mech.***, 5: 564-568 (2001).

31. Türkoğlu, D., "Some Fixed Theorems For Compatible Type Set-Valued Mappings", ***Univ. Din. Bacau. Şi Cer. Ştii. Math***., 7: 167-177 (1997).

32. Türkoğlu, D., Özer, O. and Fisher, B., "A Coincidence Point Theorem For Multivalued Contractions", ***Math. Commun***., 7: 39-44 (2002).

33. Turkoglu, D., and Altun, I., "A common fixed point theorem for weakly compatible mappings in symmetric spaces satisfying an implicit relation", ***Bul. De la Soc. Math. Mexicana***, 13 (1) : 195-205 (2007).

34. Türkoğlu, D., "Two general fixed point theorems on three complete metric spaces", ***J. Comput. Anal. Appl***, 10 (2): 173-178 (2008).

35. Turkoglu, D., "Some Fixed Point Theorems for Hybrid Contractions in Uniform Space", ***Taiwanese J. Math***., 12 (3): 807-820 (2008).

36. Turkoglu, D., Altun, İ., "Fixed point theorems for multivalued mappings satisfying an implicit relation", ***Tamkang J. Math***. 39 (3): 247-253 (2008).

37. Türkoglu, D., "Two general fixed point theorems on three complete uniform spaces", ***J. Comput. Anal. Appl***, 11(1): 86-92 (2009).

38. Türkoğlu, D., " Some common fixed point theorems for weakly compatible mappings in uniform space", ***Acta Mathematica Hungarica*** .8: 1-9 (2009).

39. Türkoğlu, D., “Two general fixed point theorems on three complete metrik spaces” , ***J. Comput.Anal.Appl,*** 10(2): 173-178 (2008).

40. Wald, A., "On a statistical generalization of metric spaces", ***Proc. Nat. Acad. Sci.***, 29: 196-197 (1943).

SEMBOLLER VE KISALTMALAR

$P(X)$	X kümesinin boştan farklı tüm alt kümelerinin ailesi
$Pcl(X)$	X kümesinin boştan farklı tüm kapalı alt kümelerinin ailesi
$B(X)$	X kümesinin boştan farklı tüm sınırlı alt kümelerinin ailesi
$CB(X)$	X kümesinin boştan farklı tüm kapalı ve sınırlı alt kümelerinin ailesi
IR_+	Negatif olmayan reel sayılar kümesi

Kolibri 360 GmbH
Ferdinand-Jühlke-Straße 7
99095 Erfurt, Deutschland
produktsicherheit@kolibri360.de

Druck:
CPI Druckdienstleistungen GmbH
im Auftrag der
Kolibri 360 GmbH
Ferdinand-Jühlke-Str. 7
99095 Erfurt